假如物理消失了

[加]柯拉·李 著
[加]史蒂夫·罗尔斯顿 绘
肖涵予 译

人民文学出版社 天天出版社

著作权合同登记：图字 01-2022-6920

- Original title: The Great Motion Mission: A Surprising Story of Physics in Everyday Life
- Originally published in North America by: Annick Press Ltd.

图书在版编目（CIP）数据

假如物理消失了 / (加) 柯拉 · 李著 ; (加) 史蒂夫 · 罗尔斯顿绘 ; 肖涵予译. --
北京 : 天天出版社,2023.8
ISBN 978-7-5016-2114-9

Ⅰ. ①假… Ⅱ. ①柯… ②史… ③肖… Ⅲ. ①物理学 – 少儿读物 Ⅳ. ①O4-49

中国国家版本馆CIP数据核字(2023)第117372号

责任编辑：王晓锐　**美术编辑：**丁　妮
责任印制：康远超　张　璞

出版发行：天天出版社有限责任公司
地址：北京市东城区东中街 42 号　**邮编：**100027
市场部：010-64169902　**传真：**010-64169902
网址：http://www.tiantianpublishing.com
邮箱：tiantiancbs@163.com

印刷：北京博海升彩色印刷有限公司　**经销：**全国新华书店等
开本：710 × 1000　1/16　**印张：**6.75
版次：2023 年 8 月北京第 1 版　**印次：**2023 年 8 月第 1 次印刷
字数：96 千字

书号：978-7-5016-2114-9　**定价：**35.00 元

目录

游乐场关闭

1 介绍

首先我得声明，跟每一个热爱自由的正常小孩一样，从开学第一天起，我就已经开始期盼暑假的到来了。可等到真的放暑假了，我又开始觉得有点儿无趣。

这是为什么呢？我生活中的首要任务就是追求快乐，而现在大家似乎都在合谋破坏我的快乐。第一个威胁就是山姆不在这儿。不是说我没有其他朋友了，而是因为他就住在我隔壁。我当然也可以跟他一起去夏令营，但你能想象我一整个暑假都泡在数学课上吗？我可另有打算。

可惜事与愿违，因为第二个威胁也出现了：市政府将首次关闭夏季游乐场，甚至可能永久性关闭。有一所大学想在游乐场的位置建一座新的物理研究中心。这件事基本已经敲定，只差镇长签字了。他们下个星期会在这儿举办一个物理会议进行庆祝，并让科学家们看看这个场地。所以这里不会再有孩子们争先恐后坐过山车、大口大口吃热狗的场景了。游乐项目的位置将变成物理学家们的停车场，当他们不听讲座的时候，就在这儿详细探讨物理中心的蓝图。对了，他们还会搞一个物理夏令营。大概就是因为占了游乐场的地方，于是免费给孩子们上物理课。他们不会以为大家都会蜂拥而至抢着报名吧？大学里的人真是“聪明”啊！

什么是物理？

物理能探寻推拉力量的来源与能量的增减；物理能弄清楚无论是在原子内部还是在遥远的星球与星系，物质是由什么组成的，又是什么把它们连接在一起的；物理是理解时空中的万物之间的关联，甚至可能超越时空。简而言之，物理就是对一切的探索。

会议之后，就开始正式施工建造物理研究中心了。据新闻报道，这个项目对我们小镇来说是个莫大的荣誉，每个人都兴奋无比。每个人？看来他们是忘了问问我的看法。

他们也一定没有采访利亚姆。利亚姆是我的叔叔，一直住在我们家的地下室。他人还不错，但我一般不会大肆宣扬他是我的亲戚。他给一家本地报社撰稿，对合适的人来说，这个工作还是挺酷的。但他在专栏里总是把我叫作“杰瑞米，楼上那个长着黑色卷发的小男孩”。有没有搞错，他可能是忘了，经过蹿个儿的黄金时期，我已经比他高出一大截了。我也忍受不了他走路的样子。他个子不高，嗓门儿却大得要命，就跟他肿大的头一样不和谐。而且他总能找到点儿什么自吹自擂一番。不过，我们有一个相同之处：我们都希望这次“第十四届物理会议”和这个建筑项目不要发生。他本该在报纸上好好夸一夸这次会议，但他对物理没有一丝好感。

“物理！高中的时候，物理课我都是能翘就翘，实在翘不了，也都是睡过去的。”利亚姆说这话的时候声音都发抖了。他很快恢复了平静，但还是能从他的抱怨中听出慌张，“还得做那么多研究，这简直就是浪费我的脑容量和我的才华。我什么时候用得上物理呢？这简直就是一种侮辱！对于我这种高水准的记者来说，有太多比这更适合的题材。”

说实话，对于他的话，我真是感同身受。不过我还有自己的难题，也就是第三个威胁（所以这个暑假会成为有史以来最差劲的一个暑假）。我刚说过山姆去上夏令营了，记得吧？现在，一个叫奥黛丽的女孩儿住在他家。山姆的父母告诉我父母，我的父母再告诉我——或者说命令我——有什么计划都带着奥黛丽，这样她才不会太想家。我说，当然可以，完全没问题啊。不过那时我还没意识到，这个人简直就是个外星来客。

她的家乡虽然离我们这儿有点儿远，可好歹也在同一个国家，但是跟她交流我真的需要一个懂外星语的翻译。有一天我们一起玩儿拼字游戏，她拼出了一些我的老师都不会的词来得了不少分（不信你去问问你自己的老师）。说真的，谁

杰瑞米讲解小知识

喂……？有人吗？奥黛丽说得很严肃。科学家们正在寻找外星智慧生命（SETI）的存在，她也参与其中。她加入了SETI@home项目（一项利用全球联网的计算机搜寻地外文明的科学实验计划），在她不使用自己的计算机时，允许她的计算机被该项目征用。也就是说，当奥黛丽跟朋友出去玩儿的时候，SETI@home会启动屏幕保护程序，开始处理从太空接收到的奇怪的无线电信号模式。来自226个国家的超过380万人都贡献出自己的计算机，以满足SETI数据处理的巨大需求。对全球范围内的电波望远镜与接收器接收到的每一条数据信息，一台计算机会进行2.4万亿到3.8万亿次的数学计算。物理学家们认为，如果他们接收到的信号既不是来自脉冲星（旋转时会释放出有规则的信号的坍缩星）的快速射电暴，也不是来自地球的干扰或恶作剧，那么就极有可能是高级外星文明正在跟我们打招呼。

知道“量子位”“夸克”“膜”这些词是不是她瞎编的。我俩对同一个词的定义也常常完全不一样。

她看起来没有什么特别的：个子比较小，皮肤很白，长着金色的直发，灰色

量子位、夸克、膜、胶子，还有μ介子……这些是顶级机密代码，还是物理学家们活跃气氛的玩笑？探索宇宙的奥秘真是极其艰巨的工作……况且，这些词到底是什么意思啊？继续阅读，后面再为你揭晓！

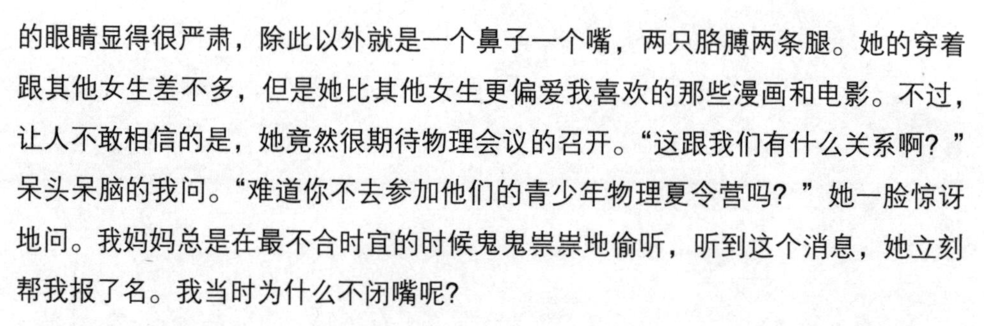

的眼睛显得很严肃，除此以外就是一个鼻子一个嘴，两只胳膊两条腿。她的穿着跟其他女生差不多，但是她比其他女生更偏爱我喜欢的那些漫画和电影。不过，让人不敢相信的是，她竟然很期待物理会议的召开。“这跟我们有什么关系啊？”呆头呆脑的我问。“难道你不去参加他们的青少年物理夏令营吗？”她一脸惊讶地问。我妈妈总是在最不合时宜的时候鬼鬼祟祟地偷听，听到这个消息，她立刻帮我报了名。我当时为什么不闭嘴呢?

很快，奥黛丽走了，我妈妈也回屋里去了，留下我一个人独自坐在家门前的台阶上，不敢相信刚才发生的一切。当利亚姆吹着口哨向我走来时，我情绪更坏了。我羡慕地说：“你心情还挺不错嘛，可我整个夏天都得学习物理了。”

“哦，不会的。”利亚姆狡黠地一笑，“我有一个好计划。”

他谨慎地向四周看了看，然后才继续说："我们组织一次抗议活动就行。我会说服大家，比起物理，我们更需要一个游乐园。"

这让我看到了一点儿希望："要怎么做呢？"

"凭我的说服力，我什么都能办到！"利亚姆吹嘘说，"我突然想到，这些科学家们没有权利用他们'先进'的想法来'改善'我们的生活。"利亚姆冷笑起来，他这声冷笑实在是滑稽，要不然还真的有点儿可怕。"我们现在知道的都是他们告诉我们的什么好处啊，承诺啊。科技一定是有风险的，谁知道他们还有什么风险没告诉我们。他们有什么权利强迫我们的孩子学习？得有人来保护我们的公民不掉入所谓的'进步'的陷阱。"他接着说，"还有比我更合适的人选吗？我住在这儿，了解这里人的想法和喜好，我也有这个能力。当然，我需要小屁孩们的帮助，这个时候你就派上用场了。"

不要在意"小屁孩"这个词，我心里默念道……他也许能改变这个让人沮丧的情况。"那得看你需要我做什么。而且，不用暴露我的身份吧？"我说什么也不能让奥黛丽知道。

"你等着看晨报吧！"利亚姆说着，打开门往屋里走去，"记住，明天我会在棒球场，采访你的球队的比赛。你按我的指挥行动就行。"

杰瑞米的
房间！
物理取代乐
趣——不公平
的几大原因

实践中的物理学

第二天我还没来得及出去取报纸，奥黛丽就过来了。

“你开门轻点儿！”我说。

“你快看！”她说着，猛地戳了戳报纸上今天的头条，“物理取代乐趣——不公平的几大原因。”奥黛丽捶胸顿足，手里的报纸挥来舞去，这让我读得十分困难。“当心系孩子的父母被科技的糖衣炮弹蒙蔽，争先恐后给孩子们报名参加物理会议夏令营时，作为一名记者，希望大家能好好考虑清楚……联合国儿童权利公约包括玩耍的权利……久坐、学习时间过长会导致儿童压力过大、肥胖症……游乐场永久性关闭……青少年厌学情绪日益加重，为排满物理课的未来感到担忧……对我们社区来说，这将是一个严峻的问题。”在文章结尾，利亚姆邀请大家当天晚上到游乐场所在地，将他们的想法告诉市长。

干得漂亮，利亚姆！抬起头的时候，我赶紧收起脸上的笑容。

“万一他真的让会议办不成了呢？”奥黛丽抱怨道，“要是镇长改变主意不建研究中心了怎么办？”

“那又怎样？”我耸耸肩，拾起我的棒球手套和球棍，“谁需要呢？”

奥黛丽瞪了我一眼。“没有物理的话，你的生活会完全不同。”她说，“每个人的生活都会不同。我会向利亚姆证明的，你得来帮我。”

“我？”我大叫道，“绝对不可能。对了，我要去训练了。训练完之后利亚姆还有事儿找我。”

“正好。”奥黛丽说，“我跟你一起去。”

这下好了，利亚姆一定想不到我会和奥黛丽一起出现。而告诉奥黛丽我不愿意帮她的原因，是我已经答应了利亚姆，只要能让物理夏令营办不成，我就会不计代价地帮他？这简直等于找死。我得小心谨慎，两边都不得罪：从现在起，我就是双重卧底特工。

利亚姆如约来到棒球场。训练之后，他拍了几张照片，可并没有问多少跟比赛有关的问题，更像是匆匆忙忙走个过场。终于，他慢下来，眼神犀利地一个接一个盯着每个队员，这群人流着汗，满身尘土，局促不安地坐在长凳上。可怜的卢卡斯向后退了一步，一屁股摔在一袋棒球上。我忍俊不禁，难道只有我觉得利亚姆演得有点儿过了吗？

终于，利亚姆说道：“你们在这次比赛中是不被看好的那一方，怎么样才能获胜呢？”

“我也不知道。”安格斯终于开口，“多训练吧！”

训练？我们更需要的是运气，甚至是一个奇迹！我到现在还不敢相信我们是怎么一路走到现在的。

“可你们什么时候才有时间呢？”利亚姆一脸真诚地问，“听你们的父母说，你们都报名要去上今年夏天那些非常好的物理课。”

这个提醒引起了一阵愤怒且沮丧的号叫。可怜的家伙们，我知道这是一种什么感觉——有奥黛丽在身边，我天天都会听到这样的提醒。利亚姆提高了音量，“这才是我想听到的。”他说，“我很欣赏你们愿意花时间练习，为赢得比赛做出牺牲。所以，今天下午5点，在那个商议物理研究中心的会议之前，我们在游乐场见。”

见大家还在发牢骚，利亚姆跳上了长凳的一端，说：“只要你们团结起来，我们就能抗议！”他的举动吸引了大家的注意。“你们会有更多的训练时间，还会有夏季游乐园！”他一拳挥向空中，脸因为用力而涨得通红。“我们会

暂停！

先讲一些基本常识带你入门。

H氢原子　O氧原子　H_2O水分子

一个原子直径只有一亿分之一厘米，由紧密连接在一起的质子和中子，以及四周围绕着的电子组成。其中的任意一部分也被称为粒子，且粒子永远处在运动之中。原子共有112种类型，被称为元素（比如氢、金等），是任何元素中最小可识别单位。当原子混合、搭配和连接时，我们就得到了分子：两个氢原子跟一个氧原子结合，就是水分子。原子和分子有什么用呢？它们能组成普通的物质，也就是我们在宇宙中看到的一切！物质有五种存在形态：固体（例如木头），液体（例如水），气体（例如氧气），等离子体（电子和电子被剥夺后的原子组成的高温气态混合物，例如霓虹灯里的成分），以及玻色-爱因斯坦凝聚（铷一类的元素在极低温度下形成的一种超致密流性物态）。

不惜一切代价去争取！”

“那你得好好学点儿物理了！”奥黛丽说着，从看台上走下来。她已经在那儿听了好一会儿了。

“坐在教室里上课能有什么帮助？”我们的投球手卢卡斯，一手拿着球用力扔向另一只戴着棒球手套的手，问道。

“给我展示一下你最好的投球技术。”奥黛丽发起挑战。

卢卡斯犹豫了一分钟，走向投球手的位置，朝站在本垒的奥黛丽投出一球。他说起来很厉害，但实际上只会一种投球方式，这让他投的球完全在意料之中。

“就这？”奥黛丽说，“你得好好学习一下空气动力学。”

“空气动力学？”为了确保大家都能听见，利亚姆提高了音量，“听起来很复杂啊，就跟大部分物理知识一样。”他强调道。

奥黛丽没接他的茬，说：“空气动力学包括研究空气和其他气体的流动，以及如何影响在气体中运动的固体物体。空气中有氧气、氮气和其他的气体分子，因此一个飞行中的球在运动过程中需要推开好多……”

“这又不是一面砖墙。”利亚姆急声打断道，“穿过空气是最容易的！”

“你真这么认为？空气也有阻力，你跑步或者骑自行车的时候就能感觉到。”奥黛丽争辩道，“空气也有黏度，空气中的分子互相黏附在一起，并且能黏附在任何穿过其中的物体的表面，这使较小较慢的物体尤其难以通过。”

“我不明白你为什么说空气有黏性。”我反对道，“而且一个球也不算小了。”

“而且，”卢卡斯指出，“我投的球也没那么慢。”

“空气的黏度很低。”奥黛丽认同这一点，“如果只考虑这一因素，那它让棒球减速的能力的确比尘土弱得多。但是，你投球的速度确实很慢！原理是，离球最近的分子附着在球的表面，然后再粘住它们附近的分子。于是球四周就形成了一层边界层，一层想要将球包裹住的空气。”

“你说‘想要’是什么意思？”我皱了皱眉，试着理解她说的话。

“当边界层接近球的另一端的时候，便开始剥离球的表面。”奥黛丽解释说，

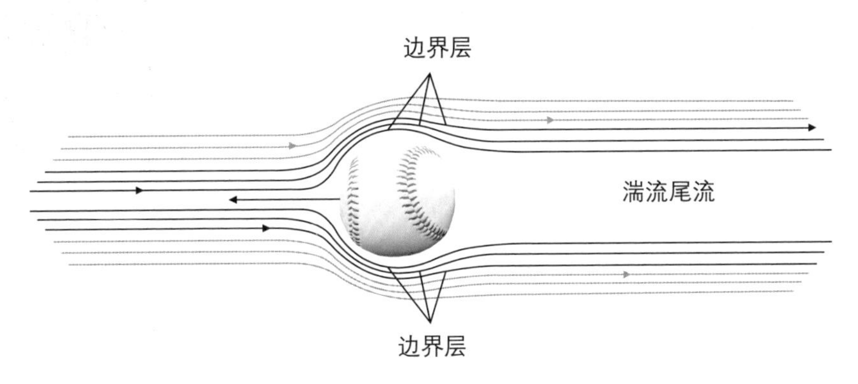

球的运动速度较慢，尾流较大

“然后就会在球的后方形成造成阻力的尾流——一个空气分子较少的区域，并有紊乱湍急的旋涡。有阻力就意味着压力较小或向前推进的力更小。前面有较大的阻力向后推，而后面没有足够的力来平衡，那么球就慢下来了。”

“看来需要减小这种阻力才行。”卢卡斯慢吞吞地说，“可是该怎么做呢？”

“你需要比较小的尾流。”奥黛丽回答说，“只要你投出的球速度能高于每小时80千米就可以，但你现在投出的球还差得远。当你投出的球达到这个速度时，

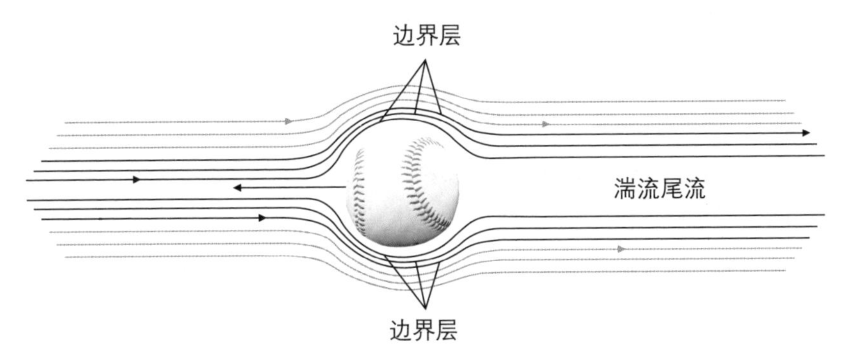

球的运动速度较快，尾流较小

边界层内的气流就很紊乱，足以使离球较远的空气也被卷入，所以边界层剥离得更晚，形成的尾流也更小。”

奥黛丽看见卢卡斯正一边用手指搓着棒球上的缝线，一边思考着。“球的设计也有帮助。”奥黛丽说，“这些缝线能搅动边界层的空气，高尔夫球上的凹痕，网球上的绒毛也都是这个原理。”

“真棒，我一直都好奇为什么棒球有这些缝线。”卢卡斯，还有所有别的队员，都开始盯着这些接缝。

情况有点不妙。“好了好了，”我说，“只要扔快点儿不就行了吗？”

奥黛丽朝我扔了一颗球，我尖叫了一声，下意识地抱头躲闪，而球在最后一刻改变了方向。

“不但要快，还要旋转起来。”她说，“旋转会带来升力，让球偏离预期的运动轨迹，这样就能骗过击球手，让他在错误的时间或位置挥棒。”

“还能骗得天真的孩子往地上扑。”我嘟囔道。

奥黛丽找到一根树枝，在地上画了一个示意图。

“比如这个曲线球，如果你把球向左旋，球右侧的边界层内的空气迎面撞上球穿过的空气后，会比左侧边界层更先剥离，于是球就在空中转了起来。这样就改变了尾流，球被往左推，而空气被往右推。”

“曲线球不光是往两侧旋转，也会向下运动。”我说。

“真正的曲线球是从肩膀上方丢出去的，因此会以一个倾斜的角度旋转。”奥黛丽回答说，“升力也有一个倾斜的角度，向两侧然后向下。”

“你能让它往任何方向转吗？”卢卡斯问。

“只需要改变你投球时旋转的方向就行。”奥黛丽说，“只有向上转不行，其他方向都可以。虽然速度极快的回旋球看起来仿佛可以向上，也比击球手预期的更晚落下来，但即使是在一级棒球联赛中，投出的球速度高达每小时145千米，仍然不可能把球往上推。”

说着，奥黛丽把树枝扔到一旁，伸手去拿地上的一袋棒球，而队员们静静地看着她一颗接一颗地扔出快球、曲线球、滑球和螺旋球。

“打网球时，打出上旋球也是这样的……”我不紧不慢地说，“还有足球、高尔夫球……”说到这里，我已经抑制不住开始幻想着自己赢得各种球类比赛。这时利亚姆干咳了一声，提醒我不要忘了自己的任务。

我正看着卢卡斯尝试新的投球方法，有人推了推我，说：“嘿，小杰，你觉得物理能不能帮到我呢？”

“她可能都是乱说的。”我说，“我敢打赌，她原先肯定也在棒球队，还有一个好教练。”听见我撒了个谎，利亚姆朝我竖了一个大拇指，还好没人看见。这下我得内疚好几个月了，不过只要不用学物理，怎样都行……

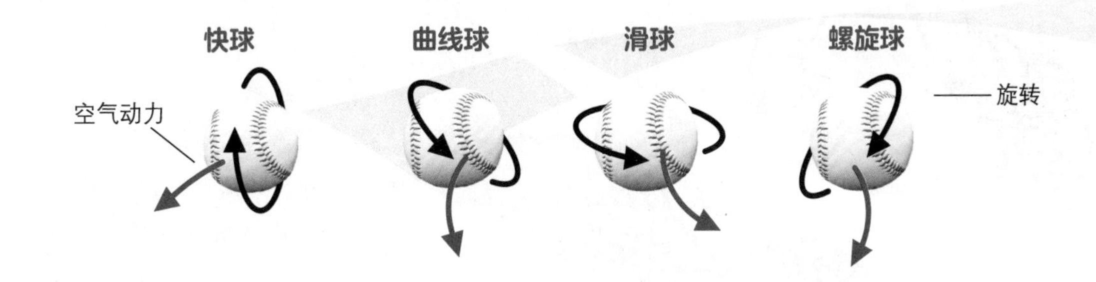

安格斯是我们球队最厉害的击球手，他并不服气。他捡起一根球棍，挥挥手让卢卡斯朝他投球。

他连着几颗没击中，接着又把一颗球直接击向了投手丘。球在二垒前的地上弹了几下，这样的球对一个速度较快的守场员来说，完全不在话下。

“你再给我投一颗同样的球。”奥黛丽说着，选了一根球棍，站在刚才安格斯站着的本垒位置。卢卡斯投出球，她一挥棍，我们就都望着球越过二垒往远处飞去。

“你是怎么做到的？”我不敢相信自己的眼睛，“太不可思议了！你怎么可能比他打得还远？”

奥黛丽瞟了我一眼：“为什么不可能？”

“因为他是……而你……”我等着有人帮腔，但没人吱声。

“从某种意义上来说，你说得没错。”奥黛丽的话让我很吃惊，“想要让球飞得远，球在离开球棍时的速度需要很快。卢卡斯扔的球动量很大，这是由它的质量和速度决定的。而我所做的是改变它的动量，以让它转向并且加速。”

“你不就是猛击了一棍子而已吗。”我说。

奥黛丽翻了个白眼：“一切运动的物体都有动量，你所说的‘猛击’将动量从我的球棍转移到了棒球上。有一条物理定律说，在碰撞过程中，动量是守恒的，也就是说，在碰撞之前和之后，动量不会改变，却可以转移。所以在碰撞

真的很重要。

质量是组成一个物体的总物质的量。但所有的物质都是由原子组成的——没人愿意去数到底有多少个原子！测量质量的最简单的方法就是称一称它有多重。

中，球棍的速度减慢，因为它的动量被用来让棒球加速了。”

“好吧，那球棍一定要有很大的动量。”我说，“不过你还得使很大的劲儿才行。”

看得出来，奥黛丽有点儿不耐烦了。“力气大不大并不是全部！”她急促地说道，“我知道要想让动量更大，最好的办法就是将一根很重的球棍挥到最快。不过这没那么容易办到。能用一根大球棍固然不错，但速度更重要。所以我才选了一根轻一点儿的球棍，实际上，大部分职业棒球大联盟的球员都是用的较轻的

棒球棍。”

安格斯又试了一次，这一次他用的是奥黛丽选的棍子："还是没有你的球飞得快啊。”

“每个人适合的棒球棍重量不一样。”奥黛丽说，“另外，不仅仅是比谁击球击得更重，我击出的球在空中飞的时间更长。”

嘭！

飞出场外的本垒打！

每一根球棍都有一个击球的完美位置，叫作绝佳击球点。如果球棍与球在此点接触，那么你挥棍产生的所有能量将被全部转移到球上使之飞驰而出。在此外的任意一点接触，都会损失一部分能量。有些能量消耗在球棍的震颤上，有些能量会用于挥动球棍的手柄，而球只能得到剩下的那部分能量。

“这怎么控制呢？”安格斯为自己申辩道，“这不都是地球引力的缘故吗？”

“不管早晚，球除非被接住，否则都会掉到地上。不过你还记得我的球是先往上飞，再往下落的吗？”

“这个我知道。就像投篮一样，像这样朝上扔。”我将手臂向上举起，与地面呈45度角。

“很接近了。”奥黛丽看上去有点儿吃惊。我是不是也很棒？可不是我故意炫耀，这不过是我去年跟山姆学的一点儿小常识罢了。

“但是，”她接着说，“由于阻力的原因，让棒球飞行距离达到最远的最佳角

度是35度左右。要是比这更大，球就会向上飞，它在空中飞行的时间会更长，但飞离本垒板的距离不会太远。”

“而你击的球，”奥黛丽对安格斯说，“开始的时候角度比较平，离地面也很近，下落的距离太短，所以飞不了多远。”

“太棒了！所以要想打出本垒打，我得先换一根我能挥得更快的球棍，然后再以水平偏上的角度击球。这我能做到。”安格斯说。

利亚姆看起来有些警觉了。他清了清嗓子，大声说：“我自己以前也打过棒球，甚至差点儿成为职业球员。要不是因为那次不幸胳膊肘受伤……”

这我可是头一次听说，他蒙谁呢？

“以我，咳咳，专业的意见来看，”利亚姆继续说，“你用不到物理，只要多

杰瑞米讲解小知识

奥黛丽十分肯定地说，只要棒球场的湿度（空气中水分的比例）、温度和海拔都很高，就更容易打出本垒打。这很有道理。在一座山上，每上升300米，空气的密度就降低百分之三，球飞行时需要推开的空气少了，因此也更容易飞得很远。高温让空气中的分子更分散。而在潮湿的地方，更轻、更容易被推开的水分子（H_2O）替代了一些较重的气体分子，例如空气中常见的氧气（O_2）和氮气（N_2）。太好了，我现在只需要一座建在热带高山顶端的雨林中央的球场了！

练习就行。但是……”他说着，转向刚骑着自行车来到这里的杰米和她的朋友们，“就算你们球队的人想把所有的时间都花在学物理上，我敢肯定别的孩子也会有更有意义的事情要做。”

“就像我，”杰米说，“今年夏天我一有时间就会骑自行车，别跟我提物理。”哇，她来得太是时候了！杰米绝不会让物理占用她运动的时间。

“不提物理，那你只会越骑越慢。”奥黛丽犀利地看了一眼斜跨在专业比赛自行车上的杰米，“向下的自行车车把让你的头俯下去，而紧身的赛车服让你的身体呈流线型，是更符合空气动力学的形状。另外，当你紧跟在另一辆自行车后面时，你会在它的尾流中骑行，这个位置的气流和较小的压力会给你向前的拉力。在环法自行车赛事中，跟在车队中骑行的自行车骑手会比独自骑行的骑手少用百分之四十的力气。”

杰米耸耸肩：“我不参加比赛。骑车只不过是我打冰球闲暇时的休息罢了。要是物理能帮上忙也不错，不过谁又听说过符合空气动力学的冰球护具呢？再说，冰球已经是世界上最快的运动了。”

艾萨克·牛顿爵士

(1643—1727)

当一个苹果掉落下来……你会得到一个摔坏的水果。但如果你是艾萨克·牛顿，那么你会发现引力。这个23岁的年轻人正在自家的果园中休息，突然茅塞顿开（是灵感来了，不是被苹果砸的）：一个苹果掉到地上，是因为地球对它的引力，这跟太阳将周围的行星保持在各自轨道上的力是一样的！接着，他思如泉涌：这个想法首先让他得出了万有引力定律，然后又催生了他的概括一切事物运动规律的三大运动定律，牛顿的大脑简直开启了暴走模式。他证明了阳光可以分成彩虹中的各种颜色，还着手发明了望远镜；而且，由于当时已存在的数学不够用，他还发明了一种微积分来解决他在天文学研究中碰到的问题。他是公认的杰出数学家、天文学家和物理学家。不过也有传言称，他这个人很神秘、偏执，还有点儿奇怪。除非被逼迫，否则他拒绝发表自己的伟大发现，他还跟很多其他的科学家结下了仇怨。在牛顿死后，他隐藏得最深的秘密也被曝光了：他还是一个炼金术士，试图把别的金属转化成黄金，还曾尝试配制长生不老药。

“没错，冰球主要是靠力量和技术，但国家冰球联盟现在真的有符合空气动力学设计的运动服了。”奥黛丽说，“还有两种减小摩擦力的方法：冰鞋上的冰刀很锋利，只有极小的面积与冰面接触；冰面不能太硬也不能有水，而应该是液体状的——最上层的分子运动的方式不同，所以冰面不像下面的冰那么硬，但也不会像水那样流动。要是没有这一层来让冰面那么滑，摩擦力就会让滑冰像是在水泥地上摩擦。”

杰米看起来并不买账，于是奥黛丽接着说：“冰球中还有其他的物理知识……”

“我知道！”安格斯抢着说，“用身体阻挡、碰撞，就跟用棒球棍击球一样！”

“在女子冰球比赛中，我们不能用身体阻挡对方球员。”一脸不屑地杰米看着

摩擦力

——当两个接触的表面相对运动时，产生的让运动停下来的阻力。

摩擦力是怎么来的呢？我们放大了看：在放大很多倍以后，即使最光滑的表面也很粗糙，有成千上万个锯齿状的凹凸起伏将两个平面像两片乐高那样锁定在一起。想要减小摩擦力并非不可能：当两个粗糙的表面被紧紧挤压在一起并且相对静止时，摩擦力最大——因此，要减小摩擦力，就得让负荷变轻，表面变光滑，接触面变小。

安格斯，“而且也没有这个必要，我使用冰球杆的技巧一流，而且我还有一招超级厉害的大力抽射。”

“大力抽射就是冰球中用到物理的一个绝佳例子。”奥黛丽说，“你将重心从后腿转移到前腿，积蓄力量，再在击上冰面时把力量转移到冰球杆上。”

“你是想说击上冰球吧。”利亚姆冷笑道。

“不是，就是冰面——让冰球杆弯曲。”奥黛丽说，“就像拉弓那样，让它弯曲，来得到更多能量。当把冰球杆从冰面上释放时，用冰球杆刃弹向冰球，让冰球猛地射出。就是这样把你转动身体得到的动量转移到冰球上。”

“我说对了一半。”安格斯对杰米说，“碰撞和动量，不是吗？”然后他转向奥黛丽，“我知道用冰球杆刃的末端让冰球旋转起来能帮助你瞄准，可这又是什么原理呢？”

“高速旋转的冰球不会晃动。”奥黛丽说，“一旦倾斜，它就会自我调整，保持旋转带来的角动量。”

“你是不是忘了‘个人能力’这回事了？”利亚姆问，“球探可不会看你有没有物理文凭。”

“个人能力当然重要！”奥黛丽说，“但多学点儿物理也没有坏处。”

“那你怎么不让队员去场外的草地上找幸运四叶草呢？”利亚姆嘟囔道。他看了看表，然后又对棒球队的成员说：“我今天还有别的报道要做，那你们是站在我这边的，还是像这个牵线木偶一样，被这位小教授给洗脑了？”

我看了看奥黛丽和杰米，她们正忙着用物理推演冰球中的技巧。要是奥黛丽没听见利亚姆说的话，那她也一定听不到我说话：“你们是怎么想的，兄弟们？我们今天晚上一起抗议吧？”

“我不知道……她那一棍把球打得那么远……还有那些投球……”

“我们今年或许能赢……”

他们是认真的吗？利亚姆一脸鄙夷：“杰瑞米，我们走吧，接下来去艺术展览馆。”

物理学与视觉

趁奥黛丽还在滔滔不绝的时候，我和利亚姆打算偷偷溜走，但是没有成功。我们穿过棒球场旁边的运动场时被她看到了，然后她跟了上来。在前往艺术展览馆的路上，她一直都没有吭声，而利亚姆却一刻不停地细数打球的人的种种迷信。

进入门厅之后，奥黛丽再也忍不住了，跟利亚姆你一句我一句吵了起来。展览馆是那种比较阴暗逼仄的老建筑，而这个小门厅，仿佛能让最轻柔的低语都被放大一千倍。一路上都有人向我们投来鄙夷的眼神，而我一点儿都不怪他们。可我又能怎么办呢？奥黛丽和利亚姆仿佛毫无察觉。我只好站在他俩中间，无助地微笑着，恨不得找个地缝钻进去。

利亚姆跟保安对上眼神之后，便停下了与奥黛丽的争执，说："走吧，我还有一个采访要做。"

"什么？我也要跟你一起上去吗？"我问道。艺术展览馆可不是我很愿意待的地方。

"是的，我需要给他们最新收购的艺术品拍几张照片。"利亚姆说。

"哇。"我站着没动。

"你就跟我走吧，这儿还有一个漫画和卡通展览。虽然我不认为这是艺术，但是说不定你会喜欢。"利亚姆说，"而且你也许能碰到一些小孩儿，可以跟他们

杰瑞米讲解小知识

瞬间移动不再是科幻小说里的虚构情节了！好吧，跟《星际迷航》或者《哈利·波特》中确实不完全一样，瞬间移动仅适用于粒子，而且也不是粒子瞬间移动，只是描述它们的信息被传送。实现瞬移的一种方法用到了一种有点儿暗黑的物理概念：量子纠缠。量子是物理学中的一个词，指极小的量；纠缠则是粒子以一种奇怪的方式相关联，只要改变其中一个，另一个粒子也立即随之改变。因此利用量子纠缠，可以将原始粒子中的信息通过一对纠缠的粒子中的一个，传送到遥远之处的另一个。另一种实现瞬间移动的方式会用到超低温的原子（还记得第二章中提到的玻色-爱因斯坦凝聚吗？）将原始原子中的数据传输到一束激光中射出，然后在其他地方重造出一样的原子。不过可惜的是，我们一时半会儿还不能将人体瞬间移动。奥黛丽说，想要移动那么多物质（10^{28}个原子）实在太复杂了，更不用提危险性了。真是扫兴！

聊聊。”

我明白了他的暗示。奥黛丽和我跟着利亚姆来到了电梯里。电梯开始往上升，我们在三层停了下来。利亚姆带着我们穿过一条灯光柔和的走廊。他皱着眉对奥黛丽说：“或许你也能在这儿学到点儿东西。这是一群不需要物理的聪明人。艺术家和物理学家就像两种不同的人类，你看。”他伸出手臂，指着墙上挂着的一幅幅绘画作品，“这些，都百分之百源自创作灵感。这和你口中那些死板的物理理论相差十万八千里，完全不在同一个谱系上。”

奥黛丽抓住了最后一个词：“谱系——电磁波谱——正是他们的共同之处！”

她一定又有长篇大论等着我们，好在我们身处艺术展览馆展厅，连利亚姆在走出电梯后都压低了声音。展厅里似乎有点异样。

“怎么回事？”利亚姆问保安。

“不是什么好事。”保安说着，查看了利亚姆的媒体证，“不过对你来说，可能是个大新闻。你得等一下馆长，他正忙着处理一些麻烦事儿。他们想要的那幅画好像是赝品。”

赝品？事情突然变得有意思了。

“要不你们先四处走走，看看展吧。”保安建议道，“他应该很快就忙完了。”

利亚姆观察了一下周围的情形。在场馆另一端的一幅画旁边，一群人怒气冲冲地围着两个局促不安的人。利亚姆泄气地靠着墙叹了口气，说：“行吧。看来得等这些董事会成员向馆长吼完了，才能做采访了。”

我开始用后脑勺撞身后的墙。“就别折腾自己了……我们去动漫展吧。”利亚姆说。

我们来到了动漫展厅，但趁这个间隙，奥黛丽又开始高谈阔论地提起她的什么波谱：“我刚才说的，艺术家和物理学家有一个巨大的共同点：电磁波谱。至少有一部分相似。”

“艺术家？你想知道什么就尽管问我……”我们身后传来了一个声音。这下好了，我都忘了我不来艺术展的另一个原因了：奥斯卡·特尔福。暑假的时候，他简直就像是住在这儿了，还要跟每一个愿意听他说上两句的人炫耀自己

那个一直被你叫作“光”的东西，其实是电磁辐射（EMR），是一对互相垂直的电场与磁场，它们在高速穿过空间时不断地重现。

电与磁，明白了吗？电磁辐射远远不止于我们肉眼可见的：可见光仅是光谱上的一小部分。其余部分呢？电磁辐射有各种尺寸，从超小号到超大号，用科学的语言来描述，就是从波长短、能量高的到波长长、能量低的，应有尽有。波谱上首先是波长等于或小于十亿分之一米的辐射，例如能穿透肌肉和组织细胞的伽马射线和X射线；接着是能灼伤皮肤的紫外线；彩虹中七种颜色的可见光；能量足以取暖，也可用于热追踪导弹的红外线；微波——用于研究宇宙和制作爆米花；最后是波长长达几千米的电视、手机和无线电波。

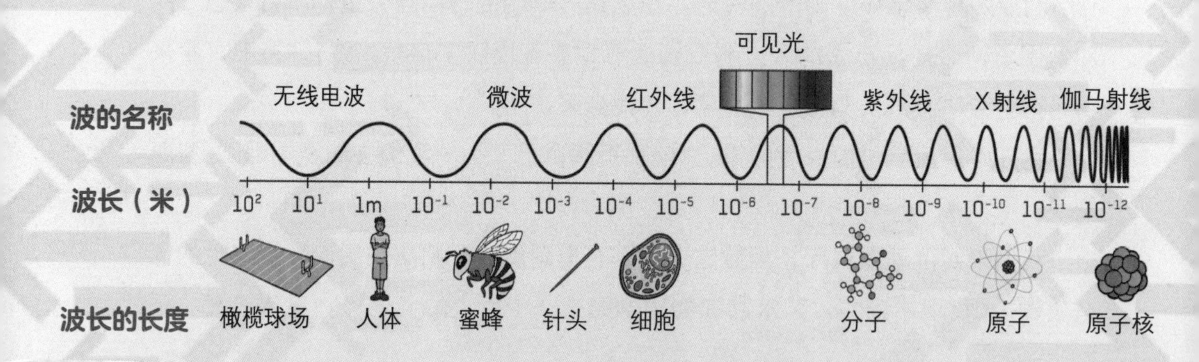

阿尔伯特 · 爱因斯坦

（1879–1955）

你空闲的时候会做什么呢？1905年，26岁的阿尔伯特 · 爱因斯坦在上班时，耐心地翻阅厚厚一沓专利申请。利用晚上的时间，他想出了光是如何像微小的粒子那样运动的，还因此获得了诺贝尔奖。爱因斯坦也解释了，水中的花粉颗粒“醉态”的“随机漫步”模式，至少在数学理论上可以证明原子的存在。他还创立了狭义相对论，认为每个人看到的光速都是相同的，并且无论他们是匀速运动还是静止不动，都适用相同的物理定律。这又导致了一系列看似奇怪却真实存在的观察现象，例如在高速喷气式飞机上的时钟走得更慢，时钟本身也会在运动方向上从前到后长度收缩变短。还有，别忘了他的 $E = mc^2$ 公式，这个简单的公式能告诉你，一定质量的物体具有多少能量。

后来，爱因斯坦的广义相对论提到，一个方向上受到的引力与相反方向的加速度等效。既然运动能影响测量，那么引力也一样。这让他认为时空能被宇宙中的物体所弯曲，而引力就是这种弯曲表现出的效应。在欧洲与美国生活的多年中，他研究了量子物理学，预测了新的物态，还寻找过宇宙大统一理论。他并没有找到，不过也没有其他人找到。

的博学。

“我说的是光。”奥黛丽说，“如果没有可见光，那么艺术就不存在。光就是电磁波谱中可见的那一部分的辐射。”

我环顾四周，墙上挂着装裱好的画着迪士尼人物的卡通电影明胶，我最喜欢的漫画的海报和剧情图片，以及漫画书和小人儿书里的绘画插图。“你们看，艺术没了！”我按下了墙上的电灯开关，让周围的一切都消失不见。大家都笑了，

我们的脑电波同频吗？

光波是横波，类似于海中的波浪：波纹垂直上下起伏振荡，不停地循环向前推进。想象一下，一只鸭子在岸边不远处，随着波浪上下浮动。一个完整周期的波的图形在重复之前的长度是波长，每秒钟通过的完整周期的波的数量叫作频率。波幅是什么？波幅能告诉你这个波的强度大小。

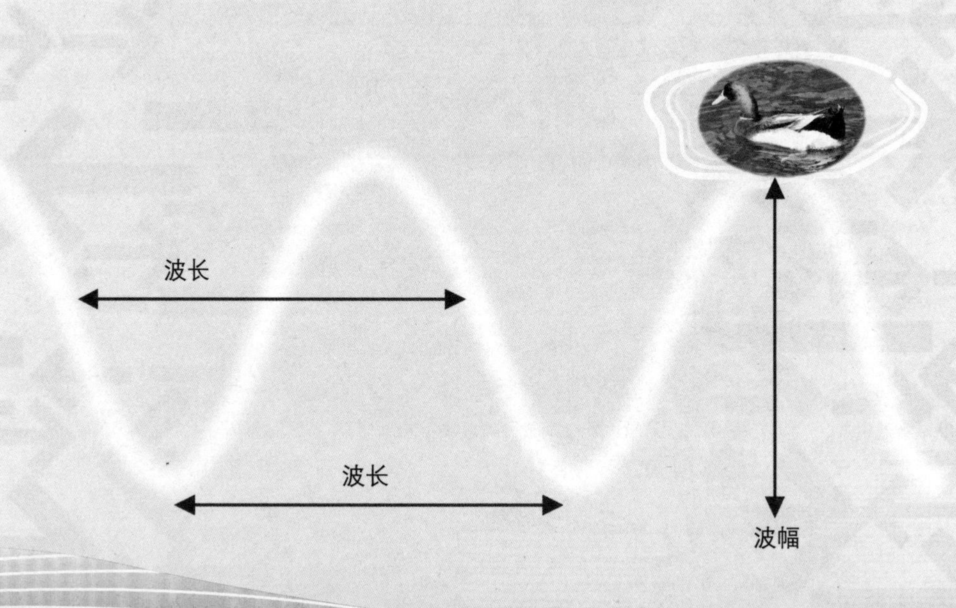

利亚姆除外。

当我听到保安急促的脚步声向我们靠近时，我又赶紧把灯打开。“你不觉得自己很好笑吗？”利亚姆说，“可别让我们都被赶了出去，隔壁还有大新闻等着我报道呢！”

“但实际上，杰瑞米说得有道理。”奥黛丽说。利亚姆转向我，朝我皱了皱眉头。我可不是故意的。

“你真奇怪。”奥斯卡争辩道，“不管有没有光，艺术都在那里。”

“真的吗？”奥黛丽回击道，“要是你看不见，怎么知道那是艺术？”

奥斯卡夸张地叹了口气。“那好，就让你的智慧之光也来照亮一下我们。”他挖苦地说。

“这有什么好讨论的？光就是光，简单明了。”利亚姆坚定地说，“就像空气一样存在。”

“可没你想的那么简单。”奥黛丽说，“光到底是波还是粒子，物理学家们很长一段时间都无法确定。现在人们已经知道这二者都是。你既可以把光看作能量粒子，也可以看作能量波。”

“这说不通。”我说，“怎么可能二者都是呢？”

“光既有波的特征也有粒子属性。”奥黛丽回答说，“它可以沿着直线运动，在与光滑的障碍物发生碰撞时会反弹回来，就像台球碰到球桌边垫时被弹回来那样。”

“这是光的粒子属性吗？”奥斯卡问。

“没错。”奥黛丽回答说，“但同时，光也会散射，就像一颗石子落入水塘中发散开来的波纹那样。而且你可以将两束光完全融合在一起，这是粒子做不到的。”

奥斯卡开始失去耐心了：“那你接着说说，这跟艺术有什么关系？”

“这是因为，要是没有光的物理属性，你看不见艺术，也看不见其他任何东西。”奥黛丽说，“一切都是从来自一个物体的光波进入你的眼睛开始的。”

“我得提醒你，这里的东西可都不会发光。”奥斯卡指出。

“你听我说完。”奥黛丽说，“一部分来自太阳或者电灯的光在周围的物体上反射——艺术、树木、人、植物，等等。然后光谱上可见的那一部分波进入你的

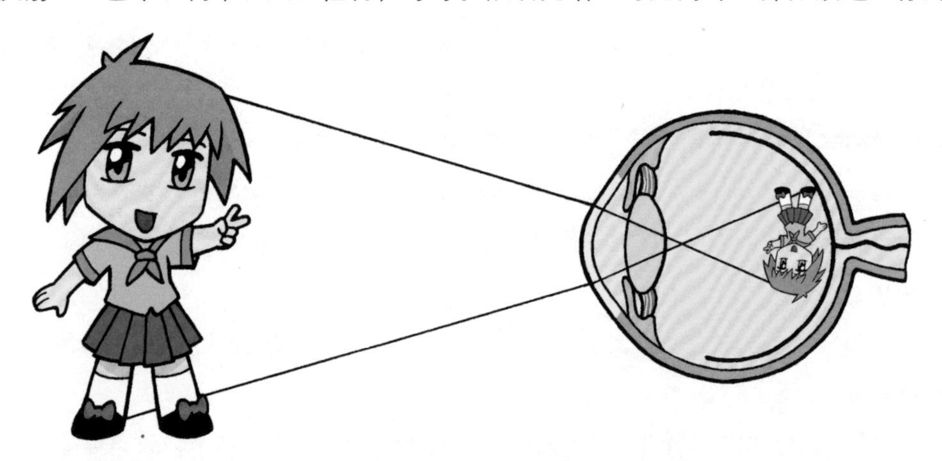

光的反射就是光从物体上弹回来，而折射更像是弯曲。

光在不同物质中传播的速度不一样。在真空中，光的速度超过每小时10亿千米，这意味着跑完从地球到太阳的距离（1.5亿千米）只需要8分钟！光在空气中的速度稍稍慢一点儿，在水中更慢。因此光从空气进入水中，或是其他介质中的时候会减速。如果光斜着进入，就会发生折射：光波的一部分减速比其他部分快，就会使整个光波偏离原来的方向。减速和弯曲的程度，取决于材料的折射率，也就是光在真空中的速度与在这种材料中的速度的比。折射率越大，光传播得越慢，弯曲得也越多。

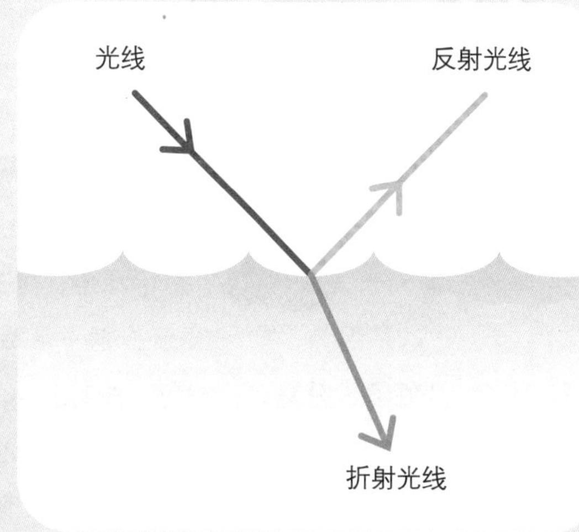

眼睛，经过角膜和晶状体折射，我们就是这样看见的。”奥黛丽从她的包里翻出一支笔和一张纸，画给我们看，“眼睛里的这些部分汇集光波，我把光波画成了射线，然后光波在眼睛最深处的视网膜‘屏幕’上映出影像。”

利亚姆撇了撇嘴，歪着脑袋看着奥黛丽画出的小女孩。她画的迷你漫画人物倒是挺不错。“我没记错的话，”利亚姆开口说，“这个世界可不是这么上下颠倒的。”

“我可没说世界是颠倒的。”奥黛丽回答，“你的大脑自动将它掉转过来了。”

利亚姆张开嘴巴又闭上，像是想要反驳，但又不知道从何开始。

奥斯卡还有一个问题。“要是我们看到的一切都是反射的光。”他指着一张绿巨人的海报说道，“那你解释一下为什么白光到了他这儿就变成绿色的了？”

“首先，白光并不是白色的。”奥黛丽说。

“你是在说白色不是白色吗？”奥斯卡交叉着手臂，等着她的回答。

“其次，绿巨人的皮肤什么颜色都有，就是没有绿色。”

所有人都沉默了。

“你知道电磁辐射有不同的波长吧？光谱中可见部分的波长反映出来就是从紫色到红色的不同颜色条。”奥黛丽开始解释道，“白光其实是不同颜色的光的混合，从阳光在雨滴折射下形成的彩虹就可以看出来。”

“好吧，就算这个没错，那绿巨人呢——怎么不是绿色？”奥斯卡说。

“其实，海报上用来画绿巨人皮肤的颜料吸收了其他所有可见光的波长，唯独没有吸收绿色调的，于是绿色便反射到了你的眼睛里。”奥黛丽说，“你的视网膜上有感光的视杆细胞，并且有三种视锥细胞，对应蓝、红和绿三种颜色条的波长。因此，当绿光的光子被图片反射回来，感知绿色的视锥细胞将其吸收，然后向大脑发出‘绿色’的信号。”

“你别忘了。”利亚姆说，“这个世界充满了各种颜色，可不止红蓝绿。”

“当然。”奥黛丽回答说，“但我们看到的一千万种颜色不可能都对应一种视锥细胞。每一种

现在展示在你眼前的（你看得见吗？），是世界上第一顶隐身斗篷！

2007年，研究人员用一种叫作等离子的技术制作了一种隐形装置，将可见光的光波折射并绕过一个物体，就像《神奇四侠》中的隐形女侠用意念弯曲光线那样。你的眼睛习惯性地认为光是沿直线传播的，所以会误认为眼前什么都没有。不过可别兴奋得太早，没人穿得进这件斗篷，因为它比一粒沙子还要小，而且是由硬塑料和微小的金环排列成的薄膜做成的。

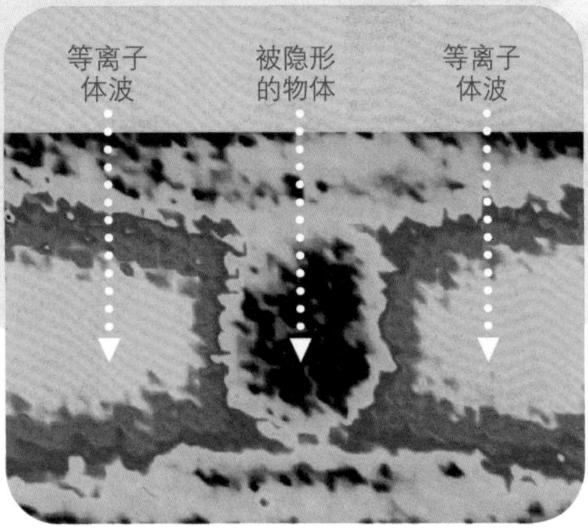

颜色都是不同波长的混合，被不同视锥细胞组合感知。”

她看了一眼沉默的奥斯卡。“我猜他正在‘吸收’这些信息，”我开玩笑说，“要不然就是‘反射’过程有点儿长？”

利亚姆并没有被我的笑话逗乐。“我们走吧，他们那边这会儿应该已经结束了。”他转过头去，看向我们刚才来的方向。

在门廊的另一端，房间已经空了，只有两个男人仍站在那幅可疑的画作前。我现在才看清那幅画：帆布上溅满了不同颜色的颜料。

“像是有人直接朝画上泼了颜料一样。”我说。

“是的，不过分寸控制得十分好！”奥斯卡郑重其事地点了点头，说，“对看得懂抽象艺术的人来说，杰克逊·波洛克的作品非常妙。如果这幅画不是伪造的，它也是十分值钱的。不过想要仿制一幅波洛克的作品几乎不可能。”

“你开玩笑呢？”我说，“随便什么人都能甩颜料点子。”虽然我并不是真的

这么认为，但我想试试奥斯卡的反应。

不过我没能得逞，因为在我们走进展厅时，利亚姆“嘘”了一声，示意我们安静。那两个男人还在焦急地讨论着。“现在怎么办呢？桑格先生。”其中一个说，“这幅画的拥有者需要一个定论。”

“我也知道。”馆长回答道，语气中充满了无奈，“我们找来的艺术学者和艺术史专家都确信这是波洛克的真迹，但另一位同样有名的历史学家和一个业界地位很高的艺术代理人有不同意见。这幅作品是在私人旧物售卖中淘到的，没人知道它到底是从哪里来。不过董事会的意思十分清楚：绝对不能拿我们艺术中心的名誉冒险。”桑格先生在作品前来回踱步，“要是世界上研究波洛克的顶级专家都没有个定论，我们又怎么能确定它不是假的？”

奥黛丽打断他们说：“物理可以帮到你们。”

利亚姆赶紧拦在她前面，说：“你们别在意。小孩子嘛……总是胡说八道，你知道的。我是《每日公民报》的记者，想借用您几分钟的时间……”

但奥黛丽的话已经引起了他们俩的兴趣。“我过一会儿要召开一个新闻发布会。”桑格先生对利亚姆说，“但如果这个小姑娘能帮到我们，那我可以把最终结果直接给你独家报道。”他顿了顿，说道，“她跟你是一起的吗？”

利亚姆立马给出了肯定的回答，我忍不住笑出声来。

“你们只需要跟这次来开会的物理学家聊一聊，”奥黛丽建议道，“找一个光谱学家做一些检测就行了。”

见大家都一脸困惑，她继续说道：“光谱学专家研究一个样本如何吸收或反射不同的光，并用这些信息来分析样本是由什么组成的。这样就能让你知道这个样本是否太新而不可能是有一定历史的真迹。比如，要是这个艺术家很久以前就去世了，那么他不可能使用近20年内才发明的颜料。”

“我记得我读到过这个技术！”桑格先生打了个响指，说，“就像比对指纹一样。我们把颜料样本送去实验室，处理后得到信息，再让专家拿去跟国家艺术中心记录在册的颜料样本信息作对比。”

奥斯卡像是受到了极大的惊吓：“你要在这幅有可能是旷世杰作的画上刮点儿颜料下来吗？”

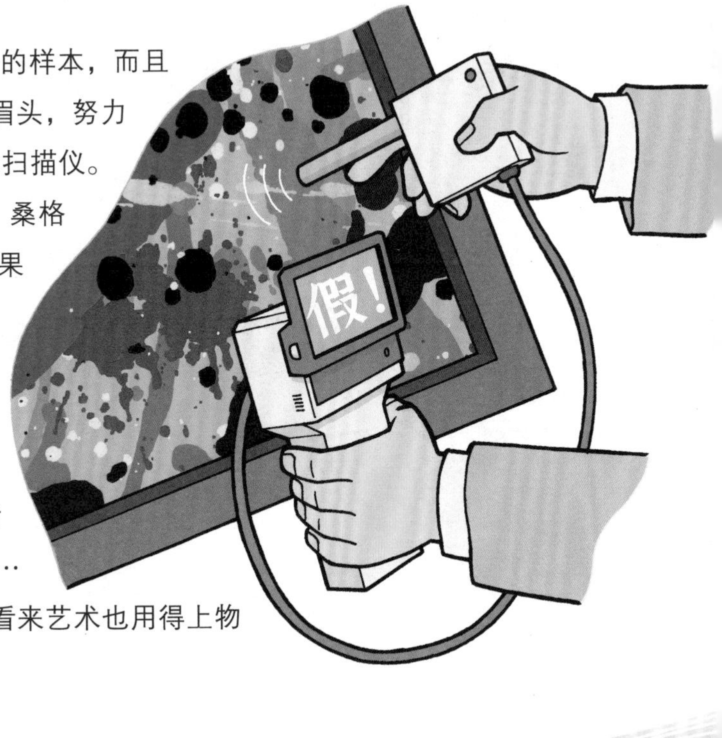

“大部分的技术只需要极少的样本，而且我记得……”桑格先生皱了皱眉头，努力回忆着，“有的只需要用便携式扫描仪。我现在就去跟科学家们联系。”桑格先生微笑着，转向利亚姆，“结果一出来就能有个定论，我们会最先通知你。不过你别忘了感谢这个小姑娘，多亏了她。”

利亚姆点点头，不过看起来脸色并不好。而奥斯卡却对此大为折服：“指纹，伪造……这简直就是侦探片里的情节！看来艺术也用得上物理。”

声音的物理学

“唉，消停会儿吧。”我们离开展厅的时候，利亚姆嘟囔道。奥黛丽脸上带着胜利的微笑，不过她也仅仅是告诉奥斯卡来参加晚些时候的集会而已。至于我嘛，我平时很喜欢间谍的题材，不过这一刻我却开心不起来。奥斯卡跟棒球队都倒戈了，我们的任务也因此受到了严重的打击。

我瞟了一眼利亚姆，说：“这下好了，奥斯卡对我们也没有用处了。不过好在他也只是一个人。”

不过这话说得太早了。奥斯卡在展览馆前面的台阶上跟他的朋友们碰了头，当我们经过他们身边的时候，我听到他说：“你们错过了一场好戏！我们刚刚调查了一个伪造品的大案，他们正在联系物理学家来检测证据呢！要是新的物理楼里能有一个这样的光谱学实验室就好了！”

“这家伙已经叛变了。”利亚姆冷笑了一声，“走吧，我们现在去公园，下一个采访时间快到了。”他瞟了一眼奥黛丽，压低声音对我说，“你得招募一些新人了。”

与此同时，奥黛丽对着我另一只耳朵说：“他这又是去说服谁呢？”

我只是耸耸肩，没看她。双面间谍都是怎么做到心安理得的呢？“你听说过瓦莱丽·瑞安吧？”

“那个歌手吗？”奥黛丽惊呼。这一刹那我几乎觉得她是个正常人了。

“是的。她是在这儿长大的，最近回这儿了。她有一个想法，下一张CD找一些孩子来演奏。”我说着，看到公园的一角有一群拿着乐器和谱架的孩子，“那些人就是来试奏的。剩下的人，我猜是歌迷吧。”

“终于碰到真正的艺术家了。”利亚姆满意地说，“至少是正在接受培训的未来艺术家。那些展厅里的人根本不知道科学和艺术的区别。可你听听——纯粹的、朝气蓬勃的艺术才华，丝毫没受到物理的污染。”

走着走着，利亚姆的心情变得大好，又对自己信心满满了。而我却没那么乐观，奥黛丽到目前为止取得的胜利让我紧张起来。另外，去年夏天，山姆说服我们说音乐中充满了数学元素的事还历历在目。不过那是另外一码事。我告诉自己赶紧别想了，要集中注意力。要想夺回夏季游乐场，就必须完成眼下的任务。

“就是她，瓦莱丽·瑞安，多年前就离开家乡了。”利亚姆说。他注视着那个小个子黑头发的女人，继续说：“可怜的姑娘，当我结束我俩的感情的时候，她伤心欲绝。不过很明显，正是那些痛苦让她的音乐达到了一个新高度。她现在是一个国际巨星了。”

《辛普森一家》主题曲的最后一个音符刚奏完，利亚姆就迫不及待地喊道：“瓦莱丽！”

那个女人抬起头来：“啊，你好。你就是报社派来的记者吧？”

“瓦莱丽，见到你太高兴了！是我啊。利亚姆，你的大学同学！”他的声音拖得长长的，听上去有点儿尴尬。

“哦，好的。”她一脸茫然。那一群小孩儿都转过头来听。

“嗯，好了，要是你现在不忙的话，我们就开始吧？”利亚姆假装没听到周围人的暗笑，说道，“人们说你就像是有魔力一样，不管是拿起麦克风，还是拿起你擅长的那么多种乐器。你是怎么创造出如此美妙的音乐的？又或者说这是一个无法回答的问题。毕竟音乐是一种用言语难以解释得清楚的天赋。”说着，他朝奥黛丽投去了一个志得意满的笑。

“我很感恩自己的天赋，但不能完全归功于此。”瓦莱丽回答，“我最应该感谢的是优秀的老师，还有持之以恒的练习……”

利亚姆笑得更开心了。

“最近，我又开始学习一种知识，能帮助我更好地理解音乐，那就是声学。”

利亚姆显得有点儿不知所措，而奥黛丽看上去十分高兴。这是为什么呢？听完瓦莱丽的话，我一下就明白了。

“声学就是研究声音的科学，噪声与音乐唯一的区别就在于不同声波的混合。”

“声波？是物理学中的那个意思吗？”我问。虽然我自己也慌张了，但我不得不承认，能看到利亚姆脸上那个表情，就是让我上一天的物理课也值了——不过只能上一天。

奥黛丽连忙插上话，说：“没错。跟光波相似，不过不完全一样。声波是纵波。”看着周围一张张困惑的面孔，她继续说道，“当一个波，无论什么波，荡开的时候，所承载的能量都会短暂地搅动它穿过的介质，对吧？”

没等人回答，她便迅速地拿过旁边一个小女孩的弹簧玩具，把其中一头塞到我手中。我不知所措地接了过来，而她拿着另一头往后退了几步，说：“光是横波，所以无论它通过什么介质，振动的方向跟传播的方向都互相垂直。就像这样，你看。”她把玩具扭出了几个上下起伏。

“可是声音是纵波，区别就在这里：纵波振动的方向和传播的方向相同。”说着她把弹簧恢复成一条直线，然后将前几个圈捏着聚在一起，又放开让其弹回，就像玩弹球那样。弹簧的圈就沿着水平方向来回收紧再弹开。

“我可什么都没听见。”利亚姆交叉着手臂说。

“这个弹簧只是给你展示一下声波是怎么运动的。”瓦莱丽说着，转向她身旁的大提琴，“注意听，注意看，当我拨这根弦的时候，它会振动，将附近的空气分子往前推，然后又拉回来。每个被搅动的区域里的空气又对跟它邻近的空气分子重复同样的作用。你肉眼看不见，不过它向外传播的模式，有比较紧密的区域，叫作压缩，紧接着的就是比较空的区域，叫作稀疏。十分类似刚才弹簧上的形状。”

“不过听起来空气分子并没有跑多远，它们就是来回弹动的。”我争辩道，“那最后到你耳朵里的是什么呢？”

“能量。”奥黛丽回答说，“当这个能量模式振动你耳朵里的鼓膜时，会让耳朵里的听小骨跳动起来，再将振动转化到液体，接触到液体的细小绒毛感知到这种运动，并将信息传输到大脑中。”

“振动能造成噪声，”利亚姆急了，“你确定这些‘振动的波’能创造出音乐？”他用手指在空中比着一个双引号，挑衅地说。

有没有测速器！

声音可不会偷懒，除了在没有任何可传播振动的粒子的真空中以外，声音传播的速度一点儿都不含糊。在地球上，温度和压力都正常的情况下，声音在空气中的传播速度为每秒约343米；在水中，它能加速到每秒约1500米；而通过铁传播，它的速度为每秒约5200米。不过跟下面这种介质相比，以上简直是小菜一碟：铍元素（一种应用于航空和军事的昂贵材料）传播声波的速度为每秒约12900米。简直就是猛踩油门全速前进啊！

“就像瓦莱丽刚才说的。”奥黛丽回答，“只要声波组合得当就能成为音乐。每一个音符都是频率特定的波。例如，中央C上方的A是440赫兹（Hz）。我们的大脑将高频率跟高音匹配，将低频率跟低音匹配。弹奏不同频率的音符就会形成优美

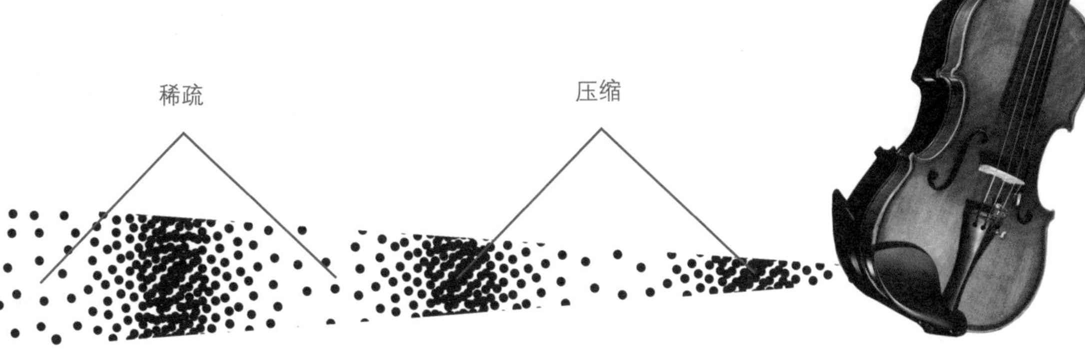

旋律。”

就在这时，身后传来了一阵旋律，是《星球大战》的主题曲，不过是珍用一只手在钢琴上按出来的。“你要的旋律来啦。”珍说。她在这儿一点儿都不奇怪。珍是音乐的狂热爱好者，既会弹奏多种乐器，又擅长唱歌。

杰瑞米讲解小知识

间谍小子联盟！配备一种蚊音铃声的新型手机，让你完美躲过家长和老师，与朋友秘密通信。这种手机的铃声为14400赫兹，对老年人的耳朵来说频率过高，却正好在儿童能听到的范围内。声音频率的单位是赫兹，1赫兹就代表着每秒钟有一个压缩（或稀疏）进入你的耳朵。普通人类（包括家长）能听到的频率范围是20—20000赫兹，高于此范围的就是超声波，我们人类承受不了，但蝙蝠和海豚能听到高达20万赫兹的声音。低于此范围的是次声波，是鸽子的最爱，它们听得到低至0.1赫兹的声音。不过，说到用技术来对付坏人，在有些商店外，店主会不间断地播放蚊子的嗡嗡声来传达一个信息：“走开！”以此来驱赶门外那些不受欢迎的小混混。

“不好意思，没什么好听的。”利亚姆对珍冷笑了一声，然后转向瓦莱丽，“要是这就是所谓的物理的功劳，你可别说这就是你成功的秘诀。”

“这刚开了个头。”她回答说，“物理让我们用奇妙的方式将声波混合起来，就得到了音乐。就像是蓄意的互相干扰。”

什么？“谁想听干扰啊？”我说。

“当来自不同乐器的声波互相接触并融合成新的强弱结合的模式，这就叫干扰。”瓦莱丽接着说，“另外，不同的频率交叠在一起，要是新混合而成的声波按有规律、重复性的模式振动，那么就会很好听。而如果是杂乱无章的，那就是噪声。”

“像这样？”珍说着，推倒了身边的谱架。

“正是！”瓦莱丽说，“是不是听上去很刺耳？这就是一阵没有规律的声波。”

“那么一些组合起来十分和谐悦耳的音符就能创造出很好的振动模式？”珍问道。

瓦莱丽点点头，俯身向坐在钢琴前的珍靠过去，她的手指翻动着乐谱：“作曲家也知道这一点。他们会选择很好的组合。像这一段，多次同时按C和G。”珍双手弹奏起这一支乐曲。这才像我记忆中的《星球大战》主题曲嘛！这时，又有大提琴和长笛融入进来。

一曲奏完，我情不自禁地鼓起掌来，可利亚姆用胳膊肘撞了我一下，我便立马停了下来。“你也不能不承认，‘干扰’竟然这么好听。”

“喂，”利亚姆不满地嘟囔道，“你到底是哪一边的？”

“小声点儿。”我嘘了一声，“卧底，忘了吗？”糟糕，奥黛丽正朝我这边看呢。

她很快又转向了瓦莱丽

和那些孩子。“你们演奏得太好听了！”她微笑着说，“但你们的乐器也功不可没。”

“终于换了个话题。”利亚姆喃喃道。

“并没有哦。”奥黛丽说，“乐器就是为这种‘干扰’而设计的。当你吹响长笛或者拨动吉他琴弦时，就制造了一段声波，而乐器自身又将声波反弹回去，就像一面镜子那样，这就是它自己与自己的干扰。”

“最终得到的声波模式就像是静止不动一样，所以我们把这叫作驻波。”瓦莱丽说。她在一页乐谱的背面迅速画了一个草图。

“每个乐器都能产生这样的驻波，而且常常能同时产生很多个。”奥黛丽说着，又在瓦莱丽的草图上加了一些，“这些叫作谐波。”

“在产生的一系列谐波中，你听到的某些谐波会比其他的多，这取决于乐器的大小、形状、材质。这一系列的组合造就了音乐家口中常说的乐器音色。演奏长笛的时候，你只能听到一种谐波。”瓦莱丽说完，吹响了一个长而清晰的音符，“这就是为什么笛声听起来如此纯净。”她指了指珍，珍立刻拿起一个低音号，吹出一个拉得很长的音符，“但低音号有各种混合的谐波，所以音色很丰满浑厚。”

“每一个音符都是这样的吗？”珍问道。

“是的。”奥黛丽回答，“当你演奏不同的音符时，你改变的是整个系列的谐

驻波模式

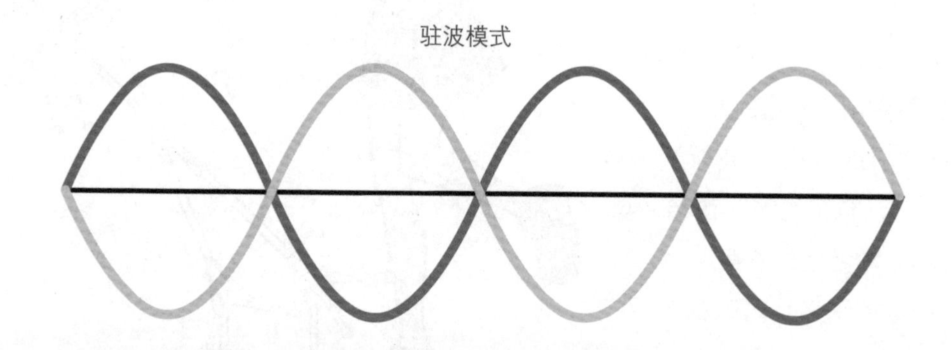

一次谐波 二次谐波 三次谐波

波的频率。”

“改变频率好像不是只用手指就能做到的吧？”珍看了看自己的手指，评论道。

“只用手指就能做到。”瓦莱丽说着，拿起一把吉他，“而且很容易。”她拨动一根琴弦，然后向下按住一个品，又拨了一下。

“我知道较短的琴弦振动时会比较长的琴弦振动发出的音更高。”珍说，“但不知道这是为什么。所以说，短琴弦振动的频率更高吗？那些没有弦的乐器呢？”

“像长笛这样的乐器，空气在乐器自身内部长长的空间中振动。”瓦莱丽说，“你抬起手指露出小孔时，供它振动的长度就变短了，便会发出更高频率的音。”

“我们还是言归正传吧。”利亚姆慌慌忙忙地说，“我想，现在大家

你就调大了声音的强度。

以分贝为单位，音量大小描述的是强度——声波能量振动鼓膜的力度。当两道几乎一样的声波在相同的空间中传播并互相干扰时，二者相结合的强度会形成极好的节奏。说到节奏，悦耳的曲调真的让人喜欢！一根振动的吉他琴弦会使共鸣箱振动，里面的空气分子也以同样的方式振动，以此增强音量。当一个物体的振动跟另一个物体的自然频率相匹配时，共鸣会使后者也振动起来。

关心的只有一个问题：是什么让您这样的国际巨星回到家乡的？”

瓦莱丽笑了：“我很爱这里，这是自然。另外，我也想为我的下一张专辑寻找一些有才华的年轻人……”

“比如我！”珍说，“我每天都至少会练习一个小时，即使在暑假也是。”

“那你一定没有时间参加物理夏令营。”我说。

瓦莱丽淡淡地看了利亚姆和我一眼。“我还没说完为什么回来呢。”她说，“我也是这次物理会议的发言人之一，还会教一些给孩子们开设的课。”她对着奥黛丽和其他人露出了微笑，“都很有意思，一定要来呀。还有，我也希望在今天晚上的集会上，你们能支持新物理楼的建立！”

利亚姆气得咬牙切齿，把手中的铅笔折成了两段。而我也开始慌张了，我们像乘坐着一艘正在下沉的船。这些孩子都很喜欢瓦莱丽·瑞安和她的歌，毫无疑问，他们一定会全力支持她。

杰瑞米讲解小知识

等等，我原以为太空是一片寂静，但奥黛丽老是跟我提起一个会唱歌的黑洞。2003年，美国国家航空航天局（NASA）的钱德拉X射线天文台探测到，在2500万光年以外的英仙座星系团中有巨大的黑洞释放出深沉的低音。实际上，这并不是一首歌，这个黑洞发出的只有一个音符：比中央C低57个八度的降B，是我们所能听到的任何声音的千万亿分之一。那么太空科学家又是怎么听到它的呢？他们不是听到的，而是通过天文台的探测器接收到的X射线的形式看到的。我知道黑洞最善于吸收物质，却不知道它们也能将物质旋转加热然后释放出去，并在这个过程中以X射线的形式喷射出大量的能量，激起巨大的声波涟漪。

起来，说的就是你，冰激凌！

声学研究者史蒂芬·加勒特和马修·波伊斯发明了一种十分环保的方法来冷冻美味的冰激凌甜品。这种跟消防栓一样大小的声热制冷机比普通冷柜的耗能小得多，而且只用到声波和无害气体。在钢壳内部，一个强化播放器连接着冰激凌冷冻箱，发出195分贝的声波，而人在外面却听不见分毫。声波带来的振动，在对气体压缩以进行加热和对气体膨胀以进行制冷之间不停地转换。再用一面钢板来去除压缩产生的热量，而膨胀形成的冷气则用来维持冰柜的温度。

玛丽·居里

1867—1934

玛丽·居里对物理的热爱给她带来了爱情、名望和两个诺贝尔奖，也带来了人生的悲剧。玛丽·居里的原名是玛丽亚·斯科沃多夫斯卡，她早年在大学求学的境遇十分艰辛，由于波兰有禁止女性接受教育的法律，她只能偷偷地读书学习。后来在著名的巴黎索邦大学学习时，又经济拮据，生活窘迫。在那儿，她认识了她的丈夫物理学家皮埃尔·居里。尽管困难重重，她仍然取得了物理学和数学的学位。居里夫妇二人一起，在一个寒冷漏风的实验室里研究了多年的放射性现象（由亨利·贝克勒发现）。最终，他们发现了两种新的放射性元素，分别命名为钋和镭。玛丽·居里成为欧洲第一位获得博士学位的女性，皮埃尔成为索邦大学的教授，他们二人与贝克勒一起获得了一个诺贝尔奖。

而后，悲剧降临了。皮埃尔被一辆马车撞死了，留下玛丽·居里独自承受苦涩的新荣誉：以“居里”命名的一座实验室，一个新的放射水平单位“居里”，以及第二次诺贝尔奖。在第一次世界大战期间，玛丽为法国作战区购置并亲自操作移动X射线装置，还捐献出镭（放射性气体）用于杀死病变组织。尽管放射性治疗在医药和其他领域变得十分重要，然而人们也发现过度接触放射性物质是致命的。可是已经太晚了：玛丽·居里死于长期暴露在放射性辐射环境中而造成的再生障碍性贫血。

我们周围的物理

利亚姆气呼呼地跑到了公园的另一端，在一棵树下猛地躺下，吓得松鼠急忙躲闪不敢惹他。我跟了上去，毕竟谁也说不准他要对那些小动物做什么。我自己也有点儿沮丧，我们抵制物理的运动已经到了失败的边缘了。我偷偷瞄了一眼利亚姆，只见他突然又兴高采烈起来。

“嗯？这是怎么了？现在又是个什么计划？你不得不承认，艺术中心的事情挺让人佩服的，球队的队员也把物理当成了他们取胜的王牌，现在又有了瓦莱丽和那些追星的小孩……要是他们都去参加晚上的集会……”

“让他们尽管来。计划的第二个阶段将在集会前一小时开启。”利亚姆说，“公园的这个角落正是我对计划进行最后微调的绝佳地点。这儿总看不到一丁点儿跟物理有关系的东西了吧。”

这时，奥黛丽也走了过来。“你缓过来一些了吗？”她问。

“我好得很，但不是托你的福。”利亚姆说，“在公园休息真是有奇效。这儿只有阳光、宁静、鸟鸣、小湖……”

“自然和物理是分不开的。”奥黛丽说，脸上隐藏着一丝微笑，“你听到的鸟叫声是许多空气分子以音速敲击你的鼓膜。阳光？那是承载着能量的光子，从太阳那个核聚变的大熔炉里散播出来。而小湖里的波纹……”

“你别说了！”利亚姆额上一根青筋暴起，他费力地站了起来，“自然……就只是……自然，无法预判，也没有规则可言！”

“实在不好意思，”奥黛丽说，“自然也遵循规则，特别是在跟能量有关系的方面。”

规则？真是越来越精彩了，我心里想。

“你需要记住的第一条规则就是：能量不会凭空产生，也不会凭空消失。”奥黛丽说，“这就是能量守恒的定律。”

是能量？

能量是一切事物发生的基础，而做功与热量是使之发生的方式——也就是能量转换的过程。当你将一个物体移动一段距离，你就在做功。你按下一个钢琴键是做功，而试图搬动一台250千克的钢琴却失败了，就不算做功。热量是由温度差异引起的能量流动：当你费了好大力气也没搬动钢琴，决定跳入水池中凉快凉快时，你身体的热量离开了你，进入了水中。换句话说，热量是从高能量到低能量的过程。在高温的物体中，原子的运动是高速狂乱的，而在低温物体中，原子的运动是缓慢的。

“这是瞎说的吧？我们每天都要吃进去那么多能量。”我争辩道，“而且每次不管让我爸开车送我去哪儿，他都会唠叨世界上的汽油都快用完了。”

“你说的是能源。”奥黛丽说，“能源确实可能会用完，但它们承载的能量不会消失。”

“好吧，那能量去了哪儿呢？”我问，“而且，要是能量不能凭空产生，那又是从哪儿来的呢？”

“就像回收一样，宇宙中的总能量是不变的，但会在不同的形式之间转换。”奥黛丽说，“你看到那个玩儿滑板的人了吗？在U形槽的顶端时，他具有的是势能——能量储存着，随时准备释放。一旦他动起来，势能就开始转化成动能，也

全为动能（KE）

就是运动中具有的能量。动能将他送上另一端，并再次转化成为势能。当他在U形槽里来回滑动时，能量就不断转换。”

她说的那个人是尼克。尼克跟他的滑板可以说是如影随形，除了上课的时候，因为要是带滑板去上课就会被老师收走。“但你看他时不时需要蹬几下。”我

研究的是能量如何通过功和热传递，而热力学定律是判断物体温度高低的终极指南。

第一定律告诉我们，宇宙中的总能量是守恒的，任何静止的物体想要改变自身能量只能通过做功和传递热量。第二定律说的是，能量只能从高能量区域向低能量区域扩散，直至四周能量相同。第三定律指出，在绝对零度（零下273.15摄氏度），没有任何分子在运动，也没有热量，并且，尽管科学家们已经能做到十分接近，但绝对零度不可能达到。最后被发现的是第零定律，虽然按道理这条定律应该排在最前面。第零定律指出，如果两种物质都与第三种物质处于相同的温度，那么这两种物质也必须处于相同的温度。

说，“要是能量一直来回转换，他难道不应该不用使劲就能永远这样来回往复下去吗？”

“你说得对，动能和势能并不能百分百完全转化，在现实情况中滑板轮子跟水泥表面之间的摩擦力将一部分动能转化成热能。”奥黛丽说，“但总能量仍然是守恒的：热能也算在其中。”

奥黛丽还想接着说，可突然下起雨来。“真是不巧，下雨了。”利亚姆高兴地大声唱了出来，“说教结束啦，赶紧躲雨吧！”

我们跑向最近的一棵树，站在树下。可没有什么能影响奥黛丽的热情。“我们刚才说到热能，”她说着，雨水顺着她的鼻子滴了下来，“很多天气现象都是热能的流动引起的。”

利亚姆笑了起来：“你这就扯远了吧……这寒冷糟糕的暴风雨是热能造成的？”

“确实很糟糕。”尼克拿着他的滑板躲在一簇树枝下说。

“据她所说，”利亚姆把头转向奥黛丽的方向，“这都是物理的错，不管是热能还是别的什么我们最好都不需要的傻理论。”

“这叫作大气热力学。”奥黛丽说，“天气现象不过是由流动的热能引起的。一切都从太阳开始。每天，来自太阳的热能穿过高层大气层和云层将地球表面加热，但这种加热并不是均匀的：陆地比水域温度升高得更快；深色的地带比浅色的地带也更容易吸收热量……”

要是

你受不了这样的热度，那就快离开……

热有三种传递能量的方式：热辐射、热传导和热对流。在热辐射中，热粒子通过电磁波直接穿过空间传播。然后就是导热，热能通过直接接触，在小范围内“手把手”——从分子到分子——地传递。金属固体的导热性能最好，所以我们常常用铜锅煮饭。当热量通过流体（液体或气体）移动时，就会出现热对流。温度高的流体的密度低于周围环境，因而会上升，例如一杯热巧克力上面的蒸汽和熔岩灯中的蜡滴。

“这谁都知道。所以我们在天气热的时候都会去海滩，在沙滩上日光浴，然后跳进水里凉快凉快。”尼克说，“当然，我除外，毕竟沙子里可没法儿滑滑板。”

奥黛丽没有我那么了解尼克——对他来说，滑板就是一切。她停顿了一下，然后接着说：“因此在整个地球上，那些温暖地带将上方的空气直接加热。增加

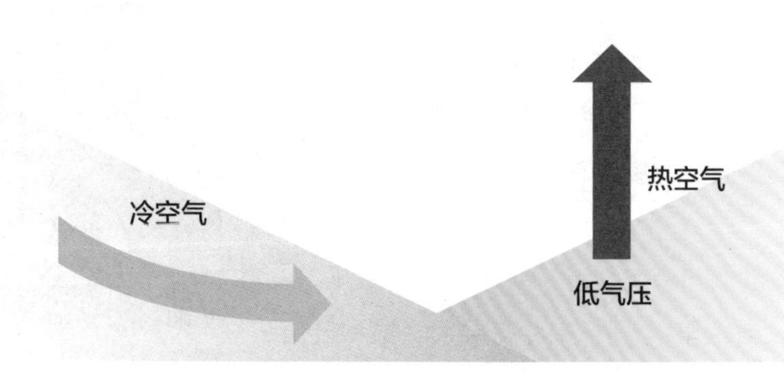

的能量让互相碰撞的空气分子分散开来。由于空气变得稀薄，因此向上浮，冷空气便能流入其下方的空隙之中。”

“空气是见缝插针，哪儿都有它。”我评论道，“就像刚刚讨论的棒球一样。”

奥黛丽点点头说：“空气永远在流动中，来平衡气压。风就是空气从高气压的地方流向低气压而形成的；气压的差异越大，风就越强。还有就是，风速会因为空气与地面上一切东西的摩擦而减慢，遇到山丘和森林时也会掉头。”

“就跟我一样，”尼克说，“在碎石路上就滑不快，地面上也总有让我不得不绕过的东西。”

“然后，”奥黛丽说，“就是科里奥利效应：地球在赤道处的旋转运动速度最快，而在靠近南北极的地方则最慢，但风的速度并不会随之做出调整改变。于是就产生了偏转——在北半球向右偏转，在南半球向左偏转。”

奥黛丽用树枝在泥土里画出了一个粗略的图形：“把这些结合起来，就是这样的。”

奥黛丽在泥土里画出的痕迹很快被雨水填满并冲刷掉。我的鞋里也浸满了水：“躲在这儿也被淋湿了。雨又是怎么来的呀？”

“当然是云了。”利亚姆说，“这又不是火箭科学，有什么难的。”

“不过是大气科学而已。”奥黛丽提醒他道，“当上百万云滴聚集在一起，重得承受不住而落下时，就形成了雨。”

“云滴是什么意思？”尼克问。

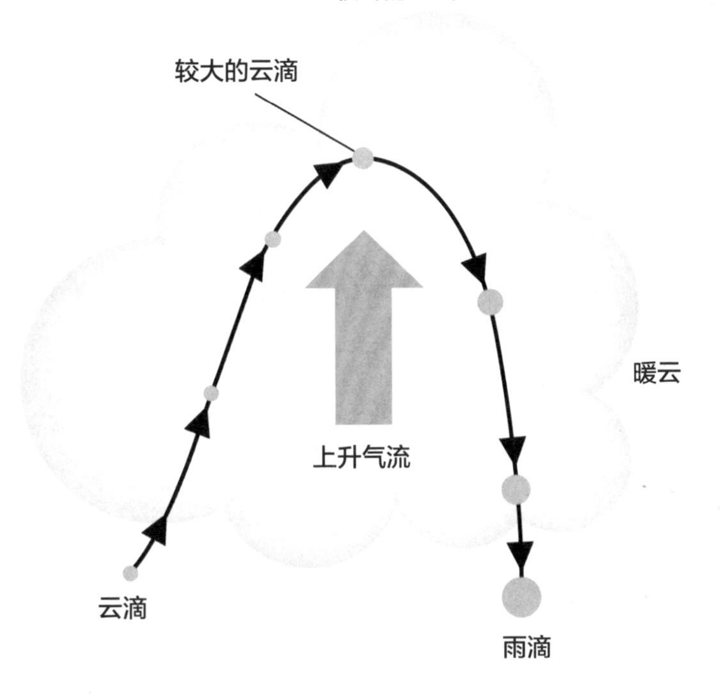

“云是小水滴聚集而成的。在热空气中，水的存在形式是气体，就是水蒸气。但当热空气上升，空气变得稀薄也变得更冷。”奥黛丽解释道，“冷空气中承载不了这么多水蒸气，于是多出的一部分就从气体凝聚成液体，附着在像尘土或是晶体这样的微小分子上形成小水滴。”

“在进入空气之前，这些水又是从哪里来的呢？”我说。

“哪儿都有：海洋、湖泊、河流，还有别的，植物、动物、你……”奥黛丽一个一个地列出来，“这些水都会蒸发，植物中的水分则是通过蒸腾作用散发出来，进入大气，然后又再次凝结落下。”

雨终于停了。

“好了，今天这雨不管是从哪里来的，现在总算停了。”我说着，像一只小狗那样甩了甩头发上的水。我

杰瑞米讲解小知识

每隔一段时间，学校在下雪天时放假对我来说都是一个惊喜，比如在我没做完作业的时候。要是我拥有控制天气的能力就好了！虽然我不能召唤暴风雪，但真正的物理学家正在构想着如何对抗全球变暖。能不能搞一个巨型打蛋器，把海水发泡成盐水小水珠，从而形成云将阳光反射回太空；如果能将亿万个小型铝气球注入大气层，也能达到同样的效果；还可以将宽度为2000千米的可调节的镜子送上太空。我发誓，这些都是严肃科学家们提出的真正建议。要是你不信，可以自己去问问美国国家大气研究中心。这样的研究机构的任务就是搞清楚哪些方法有用，哪些方法没有用。

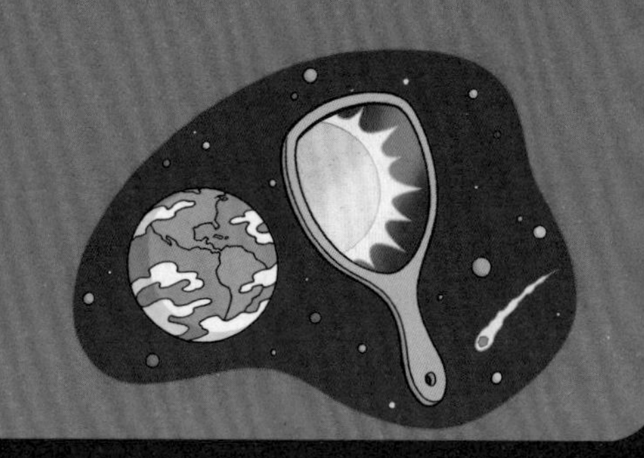

们都从树下走了出来。

“是啊，终于停了。”奥黛丽说着看了看天，“冷却的云向下沉，然后被变大的气压挤压并加热，接着云中的小水滴就会被蒸发，变回气体。要是天放晴了，晚上我们还能看到星星。”

“看星星很适合我，”利亚姆说，“只要不听你强词夺理说什么我们的一切都逃不开物理就行。”

“没错，星星跟物理，跟我们都没有任何关系。”我赞同道。

“关系可大着呢。”奥黛丽说，“首先，我们跟星星都是由同样的成分组成的：原子。”

“人人都知道原子是构建宇宙的最基本组成部分。”利亚姆说，“像我这样更有文化一点儿的人，还知道原子是由质子和中子形成的原子核以及围绕着它的电子组成的。”

“他以前物理课还挂过科呢。”我补充道。

“你的知识有点儿过时了。”奥黛丽说，“很久以前物理学家就发现电子不只是绕着原子核运动，而是在附近领域自由活动。此外，还有相当于原子的十万分之一的粒子存在。例如，电子只是一种叫作轻子的粒子，而质子和中子是由一种叫作夸克的其他粒子组成的。”

传统理论

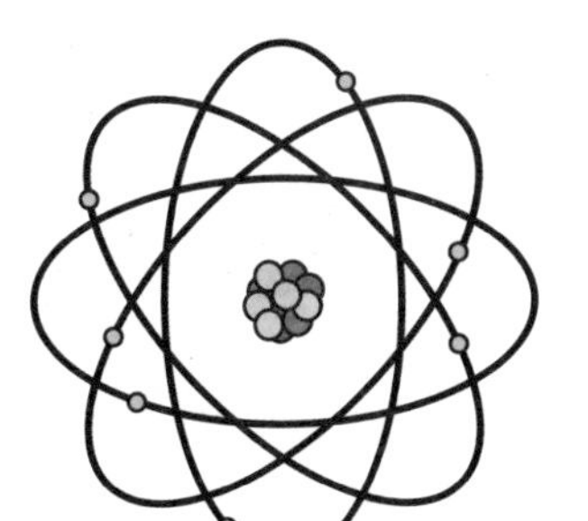

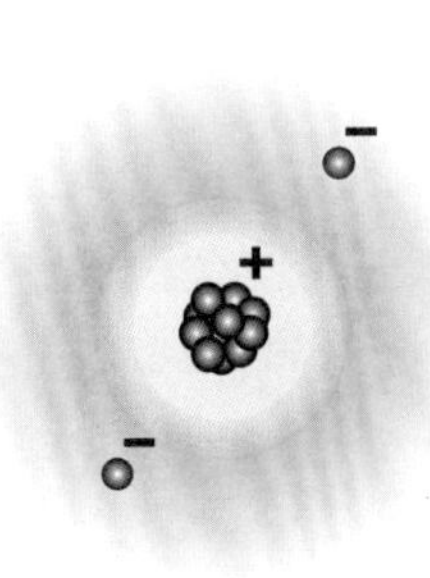

“不需要我们手动搭建吧？”我开玩笑道。

奥黛丽说：“好在大部分原子都不会轻易散架。它们被强力、弱力和电磁力聚集在一起。”

“这么说，”尼克说，“无论是星星还是人，本质上都是一样的。可除此以外，星星跟我们还有什么关联吗？”

“非常多。”奥黛丽说，“包括我们的世界是如何起源的，又将会如何消亡。”

“这些问题可有点儿大啊。”利亚姆说，“要是你觉得能在物理中找到所有答案的话，那你就大错特错了！”

“大部分天体物理学家认为，宇宙的产生是由于大爆炸——大约140亿年以前温度极高的膨胀。”奥黛丽说，“整个宇宙从一团密度极大、相当于质子的亿万

原子的标准模型：

三个简单步骤了解宇宙。

不管你要建造什么，标准模型都十分有效。零件列表很短：六种夸克（上夸克、下夸克、粲夸克、奇异夸克、顶夸克、底夸克），六种轻子（电子、电中微子、μ子、μ中微子、τ粒子、τ中微子），以及四种力传导粒子（胶子、光子和W、Z玻色子）。步骤也很简单：通过强相互作用力将夸克黏结成团，做成质子和中子；用更多的强作用力将质子、中子结合起来构建原子核；最后，使用电磁力添加电子。好了，一个原子就做成了！对新手来说，很不错了。不过也有例外的时候，比如放射性的原子，它们的构造基于弱力：它们的原子核会不断地解体，并且极其缓慢且随机地释放出粒子和能量，这个过程叫作穿隧效应。

埃尔温·薛定谔（1887—1961）沃纳·海森堡（1901—1976）保罗·狄拉克（1902—1984）

决斗开始：谁的量子力学理论才能称霸天下？谁能解决原子模型中遗留下来的问题，时间：19世纪20年代中期；地点：欧洲；决斗双方：海森堡与薛定谔。

沃纳·海森堡更年轻，他的理论技能也近乎完美。他选择的武器是矩阵力学，一种根据原子释放和吸收的光来计算粒子运动的理论。后来，他又提出不确定性原理，指出在量子测量中无法做到精准。

埃尔温·薛定谔的优势是经验。薛定谔出生于奥地利的维也纳，他想到可以用波动方程来解释电子运动时已经快四十岁了。另外，著名的“薛定谔的猫”悖论也是他想出来的。这是一个想象实验，涉及放射性原子以及一只同时处于存活与死亡两种状态的猫。

这时候一个与海森堡年纪相当，沉静、聪慧的英国人——保罗·狄拉克登场了。狄拉克证明了薛定谔与海森堡的理论其实说的是同一件事，只是用不同的方式而已，从而化解了这场决斗。他还通过他著名的描述粒子近光速旋转的方程式，将量子力学与狭义相对论联系在一起。

他们有什么共同之处吗？三个人都获得了物理学诺贝尔奖——狄拉克和薛定谔于1933年共同获奖，而海森堡于1932年获得该奖项。此外，他们三人都被称为量子力学的创始人。

杰瑞米讲解小知识

为了探究巨大的宇宙，物理学家们从微小的角度出发思考：他们研究亚原子粒子，使用的却是巨型机器，并且越大越好。比如瑞士的大型强子对撞机（LHC），在其内部设计了9300个巨大的电磁铁和一个长达27千米的粒子加速器，使粒子以接近光速的速度互相碰撞。在这场猛烈的原子大毁灭之后，一台重达12500吨的粒子探测器将收集这些粒子的残骸。为什么要这么暴力呢？是为了看看还能产生什么：其他粒子（仿佛已知的200种还不够多），甚至还可能包括时间旅行——在理论上，LHC碰撞能撕开时空中的虫洞，将现在与过去相连接。

分之一的能量团向外炸开。”

“都是现成的，就像那种自动弹开就什么都有的帐篷？”利亚姆哼了一声，“太荒谬了！如果这就是物理学能做到的最好的事情……”

奥黛丽叹了口气。“不是现成的。一开始宇宙的温度极高，且只有一种力的存在。可后来宇宙开始降温，这一种力也分化成为四种。”

“那也没什么啊，只有能量和力。”我说，“那植物和其他东西呢？”

“那是很久之后才有的。”奥黛丽说，“当宇宙形成几分钟之后，最早的由能量形成的物质和反物质就出现了。”

“物质和反物质是真实存在的？”尼克问，“太棒了！”

“是的。它们是由同样的物质组成的，但是所带电荷是相反的。”奥黛丽说，

"二者相遇时，互相湮灭，全部转换成能量。"

"但要是所有的物质和反物质都湮灭消失的话……"尼克说。

"不知道什么原因，宇宙中的物质多于反物质。"奥黛丽解释道，"它们就是夸克，可以结合形成质子和中子。此后大约1万年，电子出现了，我们便有了最简单的元素：氢和氦。"

"嘿，你说过有112种元素。"利亚姆说，"你的说辞前后矛盾了。"

"你别急。"奥黛丽说，"最早的恒星产生于一团温度极高的旋转混沌的氢与氦。今天，新的星星也是这样形成的：引力将气体和尘埃聚集成一团，然后变得极热，密度极大，使原子核开始融合，聚集形成的物体越来越大，直到再没有别的可以融合的物质。这时恒星开始消亡——较小的最终燃烧殆尽，而较大的会触发超新星，爆炸开来。里面的元素被抛洒向太空，变成行星和宇宙中其他可见的

天体物理学、

宇宙学和天文学——有什么区别？

天体物理学是通过探索恒星和其他天外物质的生命，来弄清楚它们是由什么构成以及是如何运转的。宇宙学研究的是宇宙整体各个部分的所属，以及宇宙是怎么形成的。将天体物理学与宇宙学结合起来是什么？天文学。

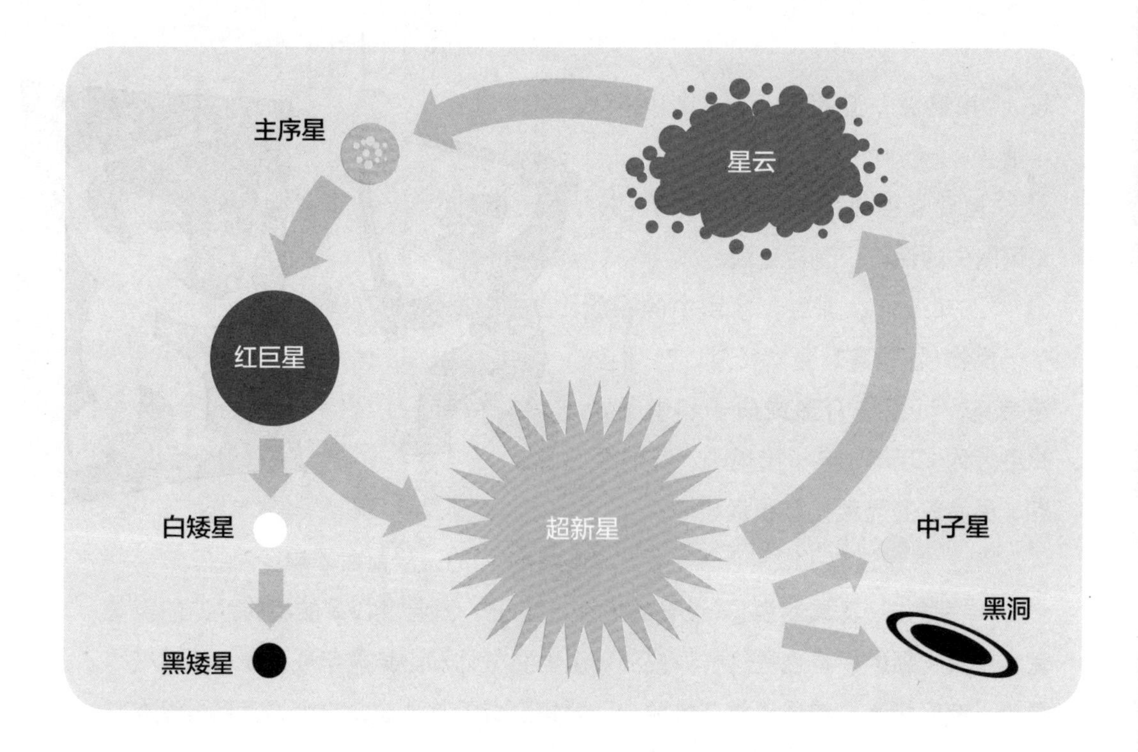

部分。”

“什么叫可见的部分？”尼克问。

“我们可以看到的东西，就像汽车、树、我们自己、行星，甚至恒星和黑洞，都是由原子组成的，却只占宇宙的百分之四左右。”奥黛丽说，“还有百分之二十三是我们看不到的，因为它们既不发出光，也不反射光，就像《黄金罗盘》一书中的黑暗元素那样。物理学家们知道暗物质的存在，而且认为它是由一种完全未知的粒子组成的。”

“这才百分之二十七呢。”利亚姆说，“我猜剩下的大家就更没听说过了吧？”他的语气带着讽刺。

“正是！”奥黛丽说，“剩下的是个更大的谜团，叫作暗能量。1988年，宇航员发现宇宙膨胀的速度正在变快，而缘由正是暗能量。”

“嗯……一个东西被扯得太快不会断掉吗？”我说，这个想法让我有点儿浑身不适。

“你不会感觉到的。”奥黛丽说，“还得有1000亿年，宇宙才会拉伸到足以使所有的星系消失，紧接着，最后一颗恒星将燃烧殆尽，而我们会进入一个黑洞之中。”

“太棒了！”尼克说，“那现在宇宙看起来是什么样的呢？”

“没人知道。”奥黛丽说，“大部分物理学家能达成共识的只是它是一个平面，并且膨胀的速度一直在加快。”

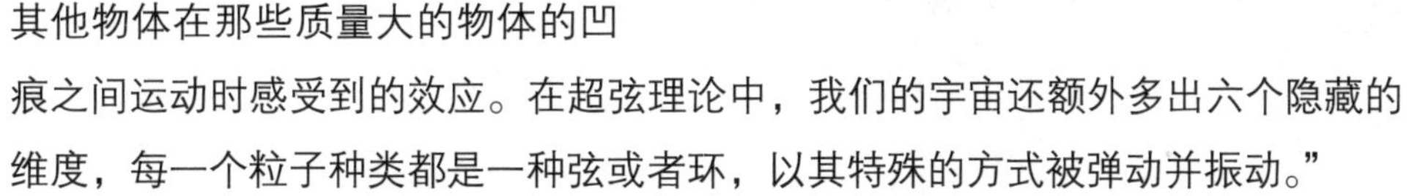

尼克没打算那么轻易放过她：“那他们都是怎么想的呢？”

“有很多的理论和猜想。”她回答说，“爱因斯坦觉得宇宙是一张有弹性可拉伸的橡胶布，被太阳这类的大型物体压出凹陷。引力是其他物体在那些质量大的物体的凹痕之间运动时感受到的效应。在超弦理论中，我们的宇宙还额外多出六个隐藏的维度，每一个粒子种类都是一种弦或者环，以其特殊的方式被弹动并振动。”

利亚姆眼中充满了难以置信：“橡胶布？弦？胡说八道什么！”

奥黛丽没有理会他，自顾自地说：“在M理论中，我们存在于一个‘膜’上，一个单独的高维的膜，与承载着其他宇宙的其他膜共享引力。而我最喜欢的就是多世界理论——就像漫画书中那样，每一个选择可能带来的不同结果都存在于一个独立的宇宙中。”

“这些物理知识真是比《星际迷航》还有意思！”尼克说。我不得不承认：这真是又怪诞又精彩！

运动中的物理学

“这天书听得杰瑞米都云里雾里了。”利亚姆讽刺道，“说完了吧？我们去游乐场吧，时间快到了。”哈，没错，跟尼克一样，我现在满脑子都是夸克和宇宙学的怪诞，但跟他不一样的是，我还有一个任务需要完成。当我们四个走出公园的时候，利亚姆却出人意料地乐观。“我不明白，”我压低声音说，“奥黛丽让那么多小孩儿对物理产生了兴趣，你就一点儿都不担心吗？”

“没必要。”他回答说，“一切尽在我的掌控之中。”

我回头看了一眼，尼克绕到了台阶那儿，踩着滑板往下滑，奥黛丽在旁边等着。“下一步什么打算，赶紧告诉我吧！”我说。

“那些孩子知道自己即将失去什么的时候，就会把她说的话忘得一干二净。”利亚姆回答说，“你会怎么选：被热力学搞得满头大汗，还是坐着过山车激情飞驰？谈论声波，还是在过山车上尖叫？还有什么天文学，跟游乐场的烟花比起来绝对黯然失色。你仔细想想。”

他说得确实有道理。当看到我最爱的游乐项目——高耸入云的跳楼塔，我的心跳都加速了，而明天，这一切都会消失。

孩子们从四面八方聚集过来，七嘴八舌地说出了我的心声。

“天呢，你看这些板条箱和工具。”

“可别拆了过山车，这是要了我的命啊！”

“别啊，中间的部分已经拆了！”

利亚姆听着，脸上露出了一丝笑意。“好戏开始了！”他低声说，一边换了个悲伤的表情走到大门中间，“孩子们，明天就要开始拆除你们最爱的游乐园了！我无比理解这种悲伤，即使你们自己还没意识到，因为你们将要失去的不仅是一个夏季游乐园，而且是你们的童年。这个象征着无忧无虑、青春时光的地方即将消失，取而代之的是成人世界死气沉沉的科学。”

“无稽之谈！”奥黛丽叫道。

利亚姆对她挤出一个苦笑：“我已经安排人最后再启动一次这些游乐项目，就当是在集会之前跟游乐场告别吧。”

这一招简直犹如神来之笔，提醒大家别忘了这里的欢乐和刺激。

“忘了物理吧，让我们尽情地玩耍！”他大喊道。孩子们纷纷拥入大门。

“那你觉得是什么让这里这么好玩儿呢？”奥黛丽大声问。她看着人群拥过，便跟了上去，一脸的志在必得。我、利亚姆和尼克跟在后面。

“碰碰车多有意思啊！你们怎么想我不知道，我可一定会想念这些碰碰车的。”利亚姆对安格斯和卢卡斯说。整个棒球队都在排队等着玩儿，而珍和杰米已经爬上两辆车。

“你们好好看看这些碰碰车。”奥黛丽说，“它们遵守的是艾萨克·牛顿爵士几百年前想出来的三大运动定律，这是非常重要的发现，直到今天仍然能描述世界上我们看到的所有运动。”

“哎呀，珍的红车停下来了。”我说，对奥黛丽的物理课充耳不闻，“现在她就等着当蓝车的靶子了。”被我说中了——我的话音刚落，一辆车就把珍撞得往前一个踉跄。

“我就用这个例子给你讲讲牛顿第一定律。这个定律和惯性有关，任何有质量的物体都有惯性。”奥黛丽说，“惯性使一切静止的物体保持静止，除非受到什么力使它运动起来。”

“跟我一样，”我跳起来说，“尤其是在早上。”

奥黛丽翻了个白眼，接着说：“更像刚才那辆蓝车撞上珍那样。她只是一个踉跄，可要是没有摩擦力，这一撞就会使她开始运动。惯性也会使已经在运动中的物体保持相同的速度和方向，直到受到另一个力使之改变。你看，珍开始绕圈开车了，她以稳定的速度行驶，意思就是她每一秒钟在一个方向上行驶的路程相同。一切都没有变化，直到……那儿，另外一个力给了她一个加速度。”

“加速度？”我问，“她可没加速，只是转了个向。”

“加速度指的是任何速度上的变化：加速，减速或者转弯。”奥黛丽说。

“你看那个疯子——他到处乱窜，逮着谁就撞谁！”卢卡斯激动地说，“他刚撞上了杰米，把她撞得从座位上飞了出去；而他撞上的第二个

人，却只是坐在那里嘲笑他。”

奥黛丽也笑了起来。“这就是牛顿的第二定律：力 = 质量 × 加速度。那个人撞击每一辆车的力都差不多，可由于他们的质量不同，他们的加速度并不一样。杰米个子很小，所以她得到的加速度就较大，而那个大个子的女孩儿，几乎没有加速度。”

“你看他现在又在干吗？”我说，“自己撞上墙，然后又弹回来。”

“这是牛顿第三运动定律：当一个物体撞向另一个物体，被撞的这个物体会以相同的力反弹回去。”奥黛丽说，“所以墙对他的力，应该等同于他撞上墙的力。他得感谢摩擦力和碰碰车上的缓冲垫保护了他免受伤害。”

“碰撞，”安格斯说，“真是太妙了！”

“动量的传递更妙。”奥黛丽补充说，“你还记得我们练习击球时提到过的动量守恒吗？”

我嘟囔了一声，其他队员们都纷纷点头，而安格斯问道：“这又是怎么回事呢？”

“每次碰撞都会将一辆车的动量转移给另一辆车。”奥黛丽说。

“有多少动量得看质量和速度，对吗？”安格斯说，“要是速度足够快，这不得出大事故啊？”

奥黛丽又笑了起来：“你觉得碰碰车为什么要设计成这样呢？那些设计的人都是懂物理的。你感受到的力有多大，取决于动量转移得多快。因此，他们给车限定了最高速度，这样一开始就不会有太大的动量。然后，为了以防万一，保险杠上的缓冲垫会延长力传递的时间，来降低冲击的影响。”

“就像头盔、手套和护具里的垫子，”安格斯说，“还有车里的安全气囊。”

“好了，走吧！”我说。什么动量不动量的我都听够了，而且就跟刚才在棒球场上一样，这些家伙太容易被忽悠了。我也不想让刚从碰碰车上下来的珍和杰米加入讨论。再说，还有那么多游乐项目，时间本来就不够用。

“你最喜欢的那个游乐项目叫什么来着？”利亚姆问，“是跳楼塔吗？我也去试试。”奥黛丽听了，挑了挑眉毛，可是什么都没说。说去就去！利亚姆坐到了我的旁边，我们开始向上升，大概有十三四层楼的高度。“放轻松。”我们升到了最高处，开始急速下坠，他说，“感觉真棒啊——”

从座位上下来的时候，他的脸色不太好，走路都有点儿摇摇晃晃，却还坚持说：“我没事。”

“太刺激了！”我说，“比飘起来的感觉更棒。”

“就像你感觉不到自己的重量了？”奥黛丽接话道，“自由落体的游乐项目给你的正是这种感觉——让你觉得自己好像重量为零，虽然事实并非如此。在环地球轨道上的宇航员也是同样的感觉。”

“我以为宇航员能在太空中飘浮起来是因为没有重力。”我说。

“不是的，宇航员和他们的航天器在绕着地球做自由落体运动，就像你刚才那样。”奥黛丽说，“重力无处不在。只有没有重力的时候，他们的重量才会为零。所以这个重量其实只是表观重量而已。”

了解重量，一定要区分清楚。

记住，质量是你身体内的物质量，而重量是一种力，即地球引力将你向地心拉的强度。搬到月球上去不会改变你的质量，但能让你的重量变轻。

“所以当我在跳楼塔上往下坠的时候，我的表观重量是零？”我问。

“你下落的加速度跟重力加速度一样。”奥黛丽说，“你的惯性向相反的方向阻止你下落，正好跟重力抵消。”

我没听明白，奥黛丽也一定看出来了。“好比你站在一台电梯里的体重秤上。”奥黛丽说，“如果你是静止的，那么体重秤就会显示你的正常重量；当电梯加速上升时，你会更加用力向下压，所以你的表观重量会变大；当电梯加速下降时，你就像被托起来了一样，你的表观重量也更小；要是电梯的缆绳断了，体重秤上的读数会变成零，因为你跟体重秤都以同样的速度下落。”

“太妙了。那些把人往上发射的自由落体游乐项目会让你感觉自己更重，也是这个原因吧？”我好像终于明白了，“就像上升的电梯一样，不过要快得多，这时候你的表观重量，差不多得……100万g？”我问。

利亚姆打断道：“你们在说什么呀？100万g……g是什么？”

斯蒂芬·霍金（1942—2018）
理查德·费曼（1918—1988）

有趣的物理学家？就像反物质那样，他们是真实存在的。斯蒂芬·霍金就是一个很有意思的人。他的工作领域十分高深，涉及理论天体物理学和宇宙学。他20世纪70年代时发现，黑洞并不是黑色的，而是会释放出亚原子粒子，这些亚原子粒子现在被称为霍金辐射。当时他还打赌，一个物体一旦被黑洞吞噬，那它的一切信息都将永远消失。2004年，他输了这个赌注，欣然将一套百科全书（里面囊括一切信息）赠与了赢家。霍金的著作，包括《时间简史》，都十分畅销。他在动画片《辛普森一家》与《星际迷航：下一代》中都客串过。他还畅想过太空旅行。2007年4月，这位65岁的物理学家向这个目标迈出了第一步。霍金离开自己的轮椅，在肯尼迪航天中心的"呕吐彗星"（一种减重力飞机）上，体验了8次25秒模拟微重力飞行，还翻了几个跟头。

理查德·费曼参加过著名的"曼哈顿计划"，跟他的队友一起研发第一枚原子弹。空闲时间，他喜欢撬开存放机密信息的文件柜，然后留下字条提醒人们这里的安保过于松懈。他出版了一些畅销书，包括《别闹了，费曼先生》和《你干吗在乎别人怎么想》。不过说正经的，他因为在量子电动力学上的贡献——找到一种绘制碰撞粒子的散射的简单方法（费曼图），而获得了一次诺贝尔奖。他曾在电视直播中将O形环密封圈浸入一杯冰水中，向全世界展示缩小的橡胶无法再复原，所以导致1986年挑战者号航天器在半空中爆炸。实际上，费曼提出了纳米概念，实现了他研究微小世界的宏大理想。

“g就是重力产生的加速度的简称，即重力加速度。1g约等于9.8米每二次方秒，表示的是每秒钟重力能使你的速度改变得多快。所以100万g是一个非常大的加速度。”奥黛丽回答，接着她笑着说，“那些弹射的游乐项目给不了你那么大的加速度，过高的加速度会使人的头部出现问题。大部分人在承受5g时就会失去知觉，战斗机飞行员能承受9g。”

接下来杰米想去玩过山车，于是我们就朝那个方向走去。当我们排队等候的时候，奥黛丽问我们：“对你们来说，过山车最有意思的是什么？”

杰瑞米讲解小知识

引力是一场巨型的拔河比赛。地球把我们拉向它，而我们也在拉地球。这场比赛你猜谁赢了？与此同时，地球跟月亮也进行着一场拔河比赛。虽然月亮的引力大到可以牵动海水形成每日的潮汐，却不足以扭转局面，使地球反过来绕着月亮转。下一轮：地球对太阳——太阳胜！不过远不止于此，世间万物都在进行着这样的拔河比赛，因为据牛顿的万有引力定律，所有的物体之间都存在着引力。万有引力认为，宇宙中的一切物体对其他物体都有引力，而且距离越近，这种引力就越大，并且跟拔河一样，质量大的会取胜。这很难不让我这样瘦弱的人产生自卑感啊……

“惊险——我对速度太着迷了。”珍回答说。

“对我来说，是这些坡度起伏。”杰米说，“很神奇，有时候让你感觉自己很

去太空有点儿不方便，那就自己来模拟一下微重力环境吧。

当美国国家航空航天局（NASA）需要用到零重力环境来进行研究时，他们会操作减重力飞机，如“呕吐彗星”（也叫作C-9减重力飞行研究机），进行上下弧线的飞行。疾速俯冲和陡峭的弧度，能创造出20—25秒的微重力状态。电影《阿波罗13号》中的一些场景就是在NASA的一架减重力飞机上拍摄的。没有飞行员的时候怎么办？宇航员们可以选择NASA的两座落地塔之一：零重力研究设施中长达150米的竖井能提供5秒的微重力环境；30米高的落地塔能让你获得2.2秒的微重力环境。想要一个真正的、长时期的太空体验吗？你可以让头向下倾斜，比脚低6度，这样持续站立几天。不过也许不太现实：你的骨骼、肌肉和供氧能力都会下降，就跟真正的太空旅行一样。

重，被紧紧压在座位上，有时候又是轻飘飘的！”

“所以其实你喜欢的是跟自由落体游乐项目一样的感受——表观重量的效应。”奥黛丽对珍说，然后又将头转向杰米，“而你喜欢的是加速度——加速、减速、改变方向。这都是牛顿的定律：他的万有引力定律和他的运动定律。”

“牛顿真是游乐场之王。”安格斯说。安格斯和卢卡斯刚从碰碰车那边跑过来，排在我们后面，顺便给杰米和珍补了补碰碰车的物理知识。我其实挺理解的……毕竟，要是这些游乐项目都动不了，还有什么乐趣？

“过山车最酷的是，你感受到的力都不是真实存在的。”奥黛丽说，“当你向前加速时，你觉得有一股力把你向后往座位上推，可是根本就没有这样的力，因为并没有什么能给你那个方向上的加速度，这一切都是你的惯性在对抗向前的运动。”

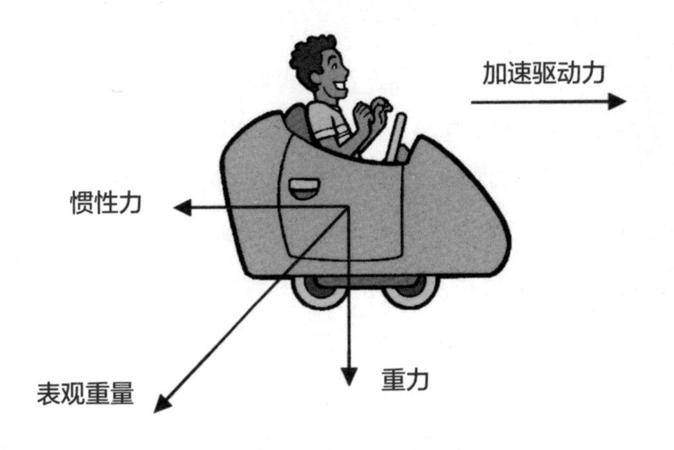

“转弯的时候也一样：当过山车向左转弯时，你其实有向左的加速度。”珍说，“可你会感觉到有什么把你往右拽，这其实是你的惯性希望你继续向前直行。”

“那当你上下坡时，那种奇怪的重量变化又是什么呢？”杰米问。

“同样的道理，不同的方向而已。”奥黛丽回答说，“真正的力使你迅速下降，可你会感觉到一股力在把你往上推……”

“其实并不存在这样的力。”杰米补充说。

奥黛丽点点头：“就像刚才电梯下降的例子，你的表观重量变轻。当过山车带着你向下俯冲时，你感觉自己变轻；要是下降的速度足够大，你就没有足够的重量可以让你在不系安全带的情况下坐在座位上；而如果你下降的速度大到正好能抵消你的重量……”

“那么你就会感觉完全失重——你正在自由落体！”我兴奋地抢答道。利亚姆用胳膊肘碰了我一下，示意我控制好自己激动的情绪。

“那种超重的感觉呢？”杰米问。

“当过山车来到一个坡的低谷正准备往下一座山上冲刺时，”奥黛丽说，“你感觉到的表观重量会大力地将你往座椅方向拉，在有的过山车上能达到3.7g。”

“你的演讲可以停了。过山车空了，你们可以上去了。”利亚姆松了一口气，“我在海盗船那里等你们。”他指了指那艘悬挂在支架上的大船。

乘坐者从谷底向上攀升时会觉得自己变重

我们都坐了上去，我争先恐后地爬上了最后一排，这里起伏的刺激感最强——多半又有什么物理原理，但我最好什么都别提，毕竟奥黛丽就坐在我旁边！

玩好过山车以后，我们看到利亚姆跟奥斯卡一起站在离海盗船不远的地方。奥斯卡的头随着海盗船在天空中的弧形轨迹来回摆动。“这要是做成一个雕塑肯定很好看。”他说。

“当然啦，奥斯卡。”我说，不过我并没有听他说什么。我爬上船，其他人，包括利亚姆在内，都跟着上来了。“嘿，这个项目也和加速度有关吗？”要是我能把这句说出口的话吞进肚子里，我绝不会犹豫。好奇心在其他什么时候都值得鼓励，但此刻的首要任务是尽情地玩耍。

“当你荡到弧度最顶端时，加速度会变小；而当你通过弧度最底部时，加速度最大。”坐在我旁边的奥黛丽回答说，“要是这个项目没有控制速度的电机，将是一个极好的钟摆的例子。真正的钟摆只受重力的影响而下落，到了中间的时候能量转化成动能——只有小部分势能，因为离地面还有一段距离，而到达两端的

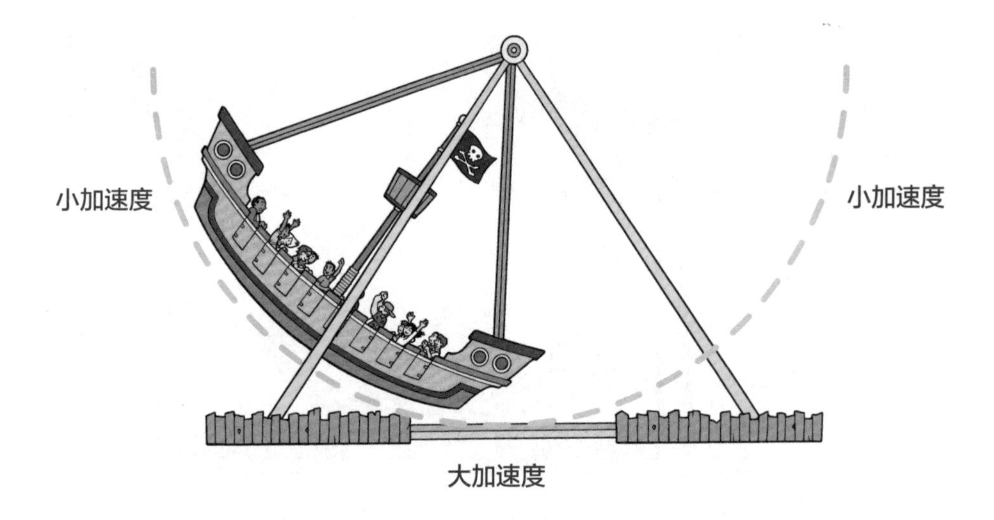

时候全部转化成势能。”

从海盗船上下来后，利亚姆的脸色又不太好。他趔趔趄趄地跟着我们走到了旋转木马那儿，我们一人选了一匹木马，而利亚姆找了张长椅坐下来。“这个挺适合你的呀。”奥斯卡取笑道，“只是一圈一圈地转，缓慢又平稳，没有加速度。”

“嗯……也不完全是。”奥黛丽说。“别忘了，加速度不仅是让速度变快，也包括改变方向。当物体做圆周运动的时候，总有一个向内的力，这叫作向心加速度。向心，顾名思义，就是朝着中心的意思。”

“向内？”利亚姆打断道，“你说错了吧？我觉得我是在被向外推。”

“那不是真正的力。”奥黛丽说，“这些木马都在绕圈，但是你的惯性想让你保持向前运动。要是没有向心力，你会直线向前飞出去。”

“那要是你站着什么都不扶，是什么防止你被甩出去呢？”奥斯卡跳下木马，站在旋木平台上问道。

“你的速度没有快到足以抵消摩擦力。”奥黛丽说着，奥斯卡绕了一圈回来然后跳下了旋木台，“摩擦力使你不会滑出这个圈。可为了以防万一，你看那些柱子和长椅，是不是都是向内倾斜的？就像是滑板场地的弧度。这个倾斜使向外的

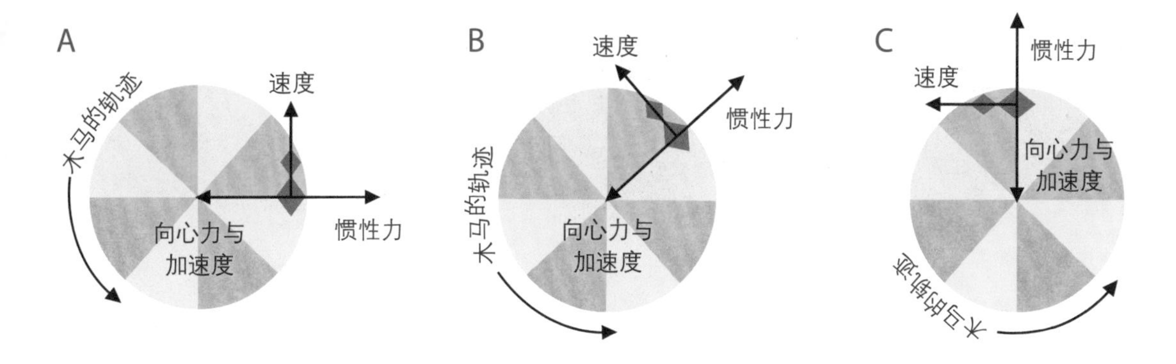

推力变成向下的。”

接着，我们又到了旋转秋千那儿。大家爬上秋千悬在空中，等着长长的铁链把我们抛起来绕圈转。“我打赌这也一定跟刚才同一个原理。”奥斯卡说。

奥黛丽点点头：“将荡秋千的人向内拉的力来自铁链，而那边那个项目也一样，只是向内的推力来自墙面。”

她说的是那边的旋转木桶项目，我反正一点儿都不喜欢。你站在一个旋转的圆柱形木桶里，背贴着木桶内壁，然后底板掉下去，露出一个深坑。有意思吗？我不觉得。

“来自墙的向心力使你不被旋转出去。”她接着说，“而你跟墙之间的摩擦力会抵消能让你掉下去的重力。”

在秋千上，我们看到工作人员开始让人们停止排队。到此结束了。当秋千停下时，我们跟着人流一起离开。利亚姆站在大门旁，提醒大家一定要在接下来的集会上为游乐园做最后的争取。其他人都没怎么说话，因为别的孩子也跟我一样，都在努力将刚才的一切珍藏在脑海里，毕竟这可能是最后一次了。

物理学与我们的数字生活

我跟利亚姆来到举行集会的大楼，看到几乎整个小镇的人都来了，大家在大厅里一扇紧闭着的门后面等候着。“他们正在里面调整椅子，争取能再多装点儿人。”一个女人嘟囔道，“谁也没想到能来这么多孩子。”我只是对她笑了笑。孩子也是很重要的一部分。我瞥见前面的奥黛丽，当大门打开人群拥入时，她正等着我们。

游乐园和物理，到底哪个能取胜呢？我挤进靠前的两个文件柜中间。镇长摆弄了一会儿麦克风，感谢了大家的到来，然后便直入主题。“今天我们聚在这里，是因为我们的居民，”他说着，看向利亚姆，“对我们最新的建筑项目提出了一些异议。”他看了看身前演讲台上的报纸，接着说，“他认为，用物理研究中心来取代游乐场，对我们小镇有百害而无一利。还有其他人有这样的担忧吗？”

奥黛丽张开嘴正要说话，我却抢先开口了：“游乐场和里面的游乐项目每年都给我们带来了最多的欢乐，不能就这样被你们剥夺了！”至少有十几个小孩儿跟我喊出了差不多的话。我赶紧又藏进文件柜中间的缝隙里，来躲避奥黛丽愤怒的目光。而此时镇长呼吁大家保持安静。

“请一个一个地说。六个星期的玩乐不能跟你们的前途相提并论。”镇长刚开始讲，却被自己的电话铃声打断。他尴尬地耸了耸肩，关了手机，说："借此提醒一下大家：集会期间请把手机和其他电子设备都关机。"

当听到"电子"两个字的时候，奥黛丽从位子上弹了起来，说："您刚才提到游乐场一年中利用率最高的时间只有六个星期。"她转过身对着其他的孩子，"你们想想哪个情况更糟糕：放弃六个星期的游乐场，还是一辈子都不能玩电子游戏、看电视、听CD或者玩任天堂游戏机？这些都依赖于电子物理学。"一阵恐慌的窃窃私语在会议厅传开了。

"我不懂电子在这里有什么重要的。"坐在两排后的尼克说，"我知道，电子是一切物理的组成部分，而且电子和电子产品这二者一定有联系。只是，是什么联系呢？"

"你说对了，的确有联系。"奥黛丽说，"电子产品需要用到电，而电来自带电粒子——通常是电子——的运动。我们把带电荷的粒子运动叫作电流。"

"是什么让它们运动的呢？"尼克问，"这种运动又是怎么带来能量的呢？"

"相反电荷之间的相互吸引使它们运动。"奥黛丽说，"带负电荷的粒子，例如电子，会流向任何带正电的物体。因此阻止这种流动可以使电子储存能量，就像拉伸弹性物体来储存能量。储存得越多，你得到的势能就越多。电势能是用伏特来衡量的。"

"所以想要让一颗灯泡发光或者使一个游戏机运作，你需要一堆负电荷和一堆正电荷，在你准备好开始之前，阻止电子流向正电荷堆。"尼克问。

杰瑞米讲解小知识

质子带正电荷，电子带负电荷。由于相反的电荷互相吸引，你无法把质子和电子分开。但质子之间会互相排斥，电子之间也一样。不管是吸引还是排斥，根据库仑定律，当它们距离近时作用力最强，随着距离增加而减弱。一个单独的电荷没有什么杀伤力，但当它们聚集起来时，那你可得当心了！你有没有试过拖着脚在地毯上走？每一步都让你的球鞋带上更多负电荷。当你靠近门把手的时候，这些负电荷就会将门把手上的电子推到后面，留下质子在前面。相反电荷的相互吸引会产生四溅的火花！

"建立两个电荷堆。我明白了。"利亚姆对着奥黛丽说，"物理学家打算让我们怎么操作呢？舀两勺粒子，然后一个一个地筛选分类吗？"这激起了一阵笑声。

奥黛丽并没有理会利亚姆语气中的嘲讽："你说的电荷堆可以是电池的两端。通过化学反应使带负电的粒子集中在一端，带正电的粒子集中在另一端，这就是为什么电池两端标记着加号和减号。"

她拿起一支笔，在我头顶上方的白板上画起了草图："原理是这样的：这是

杰瑞米讲解小知识

嗯……虽然我算不上最聪明的，但也知道导体中移动的是电子。那我们画电路的时候，为什么会画出电流从正极流向负极呢？这样的设置应该会让电子朝反方向飞奔啊！奥黛丽说，这是因为本杰明·富兰克林在命名的时候搞错了，所以我们现在就假设是正电荷在移动。也不用怪富兰克林，因为电子直到此后145年才被发现。

一个电池，一端全是正电荷，另一端全是负电荷。一根导线将正极连接到一个需要能量的东西上，比如一个灯泡，另一根导线连接灯泡回到电池的负极，这就形成了一个电路回路。当电路闭合，就给电子提供了一条从能量源到耗能物体再返回的路径。”奥黛丽说。

“什么叫闭合？”一个女人问。

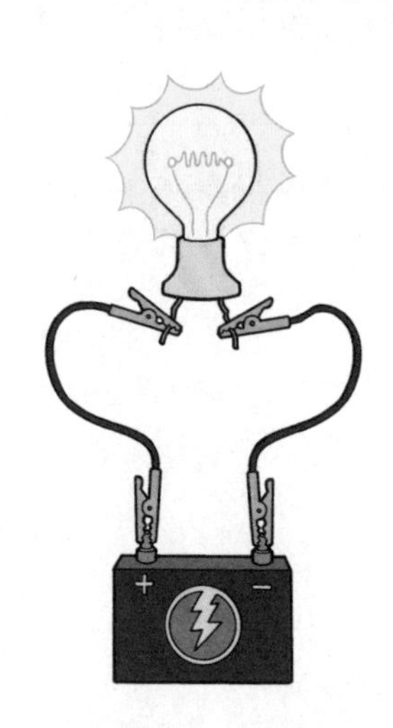

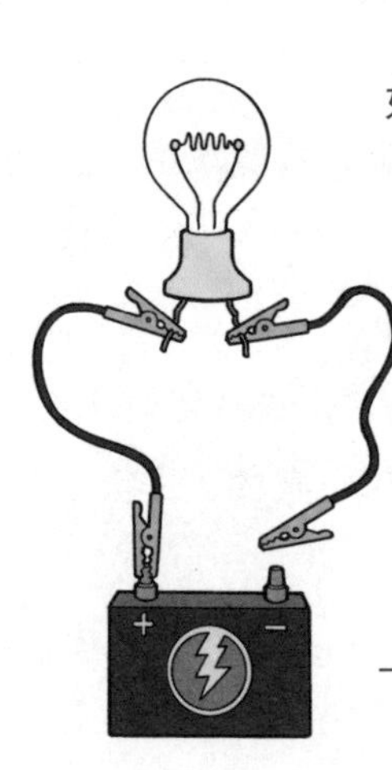

“要是这个路径中任意一点断开了，比如说切断开关，那么电路就断开了。”奥黛丽回答道，“这时电子就不能移动了。但只要你闭合电路，线路中所有电子又都会流向正电荷堆。每个电子通过灯泡时，都会卸下自己携带的能量，然后继续移动回到能量源接着搬运。”

“这个路径一定得是一根电线吗？”另一个声音问道。

电与磁： 它们有所不同，但就像花生酱和果酱一样，搭配在一起才更好。

在家中，电很有用，磁也一样，而且不仅仅是用来吸合东西的磁铁。信用卡磁条和计算机磁盘通过磁性图案来编码信息。一个足够强的磁场能让青蛙、水果等一切具有能自动排斥外部磁场分子的物体飘浮起来。移动磁场能产生电流，而电流又能产生磁场，因此二者自然得合作：在玩具车、电吹风、洗衣机的电动机及发电机中，都能找到电磁铁。在电视机里，磁场引导着高速运动的电子点亮屏幕。超导磁体还能使高速列车悬浮行驶。此外，电与磁在一起就形成了终极的原始的动态组合：电磁波谱。

“任何材料都行，只要其中有足够的能自由移动的电子就行。”奥黛丽说，“大部分材料都能被归类为：导体、绝缘体或半导体。当它们在电路中连接好时，优质导体，例如铜，它可以让足量的电子能很容易地携带能量从负极向正极移动，而塑料或玻璃这样的绝缘体就不行。”

“那半导体就是介于二者之间的？”我猜测。

“正是。”奥黛丽说，“就像计算机芯片中用到的硅。半导体材料的导电能力一般，但重要的是可以通过掺杂来轻松改变。”

“掺杂？”镇长说，“你最好解释一下。”

“就是将少量其他材料的原子添加到纯半导体中。”奥黛丽说，“这会显著提高半导体的导电性能。掺杂能合成两种类型的半导体，能以任意你想要的方式排列来引导电流。这对制作晶体管来说是绝佳的，晶体管就是集成电路中的数百万

普通电池

没电了，就报废了。 在一个用完的废电池中，所有的化学物质都已经发生了化学反应，在分离电荷为你提供能量的过程中转化成了其他物质。但可充电电池中的化学反应是可逆的，所以只要插上充电器，给它重新提供能量，就能还原成最初的状态。可充电电池非常棒，不过名字起得不怎么样，应该叫作能量可再生电池。

个开关。”

“就是计算机芯片，对吗？”尼克问。

“没错。”奥黛丽说，“你现在想象一下没有计算机芯片的生活！”

没有MP3，没有电子游戏，没有互联网……我会活不下去的。从厅内四处的骚动看来，其他人也跟我一样。这样一来，再也没人提保留夏季游乐场的事儿了，可是……

“等一下！”利亚姆大叫道，“如果是要建高科技工厂来生产晶体管或者组装计算机和其他电子产品，我没有意见，但是研究中心？我们已经拥有这项技术了，为什么还要浪费钱在这些没用的研究上？”

“电力和晶体管确实已经存在很多年，”奥黛丽说，“但研究永远不会停止。”

“他说得有道理。”一个女人说，“研究都是纸上谈兵。”

“意思就是毫无用处。”利亚姆说。

“理论并非无用的。”奥黛丽争辩道，“比如量子力学描述的是原子和更小粒子的世界，就像牛顿定律解释正常世界的规律一样，量子力学着眼于一个完全不同的世界：粒子是波，波是粒子。你永远也无法完全确定这些微小的粒子在哪儿，或究竟是什么样的。”

“这对我们中的任何人来说，又有什么用处呢？”利亚姆脱口而出。

“研究每一个原子、光子，或任何纳米级粒子，能帮助你构建惊人的结构。”奥黛丽回答说，“这就是纳米技术的意义。一些最近的发现能让信息轻松地压缩存储于单个原子中。试想一下，3万部电影储存在一个极小的设备中，又或是使用量子位（Qubit）高速运行的计算机，只需要几秒钟就能解决普通计算机无法解决的问题。”

“纳米技术？”镇长说，“这正是我们镇应该发展的方向。我想这件事已经不必再议了：如果没有人坚决反对，我们镇将支持研究中心的建立。”

没有人说话，于是镇长宣布会议结束。人群纷纷站起来离开，会场响起此起彼伏的拉椅子的声音。可是利亚姆并不愿意就此放弃。“等等！”他声音洪亮地高喊一声，“不要被表面的浮华蒙蔽了。有没有人想过，我们如今太依赖科技和电了？不可否认，科研使我们拥有了更快更好的机器，可这对我们的影响又是什么呢？不过是让我们变得更养尊处优，更懒惰和无用。”

他停顿了一下，环顾四周：“这不是我想看到的。我不愿意给那些本末倒置

每年生产的晶体管数量比收获的水稻上的米粒还要多。

2002年，全世界的水稻产量约为4500亿千克，差不多有27×10^{15}颗米粒。如果晶体管是米粒的话……祝尽情享用吧！

杰瑞米讲解小知识

看看我的理解是否正确：在量子层面上，物质就是能量，粒子和波是一个东西；现实不是真实存在的，或者至少在你观察它之前是不确定的。而且，虽然量子物理学家自己也不完全理解，但据他们所说，这才是世界唯一合理的解释！

的科研让步。我想要好好生存下去，不，想要好好生活，只这一样就够了。”说罢，他敲了敲自己的脑袋，“而不是任何形式的物理。”

“没你想的那么简单，”奥黛丽说，“因为你的大脑也是靠电运转的。”

“你又在说什么天方夜谭？”此时，利亚姆已经忍不住歇斯底里地吼了起来，“你是看到我耳朵里冒出来的电线了吗？”

“你的大脑里有数千亿个神经细胞，每一个都连接着上千个其他神经细胞，形成了一个强大的电网络，复杂程度甚至超过互联网。”奥黛丽回答说，“当你思考时，神经细胞（也称为神经元）会释放出信号使正电荷转移到末梢。此时，一种化学物质让信息经过间隙传递到下一个神经细胞，信息在那儿再次转变成电信号并快速前行，从神经元到神经元，直到抵达目的地。”

利亚姆张口欲辩，却哑然失语。是他的大脑和声带之间的连接断开了吗？又或许是他大脑某处的一颗小灯泡终于被点亮了？不论什么原因，他大脑里闪烁的电信号最终让他把嘴巴闭上，让他的双腿带着他走出了那扇门。

一座光鲜亮丽的先进物理研究中心的建造计划正在紧锣密鼓地进行中。还有六个星期才开始施工，不过你猜怎么着？奥黛丽向大学暗示，游乐园的游乐设施也可以是一种很好的学习体验，于是大学突然想出了一些修改方案：保留原址上的游乐设施，并将它们作为宣传推广的一部分。这个主意真是妙极了！

第十四届物理学普及会议如期召开，不过幸好那些课程并没有按原计划开设，真是让我松了口气。瓦莱丽·瑞安说服了一些物理学家，针对儿童和非科学领域的人开设了一个特别的分会环节，那些主题和研讨会都非常精彩！

其中一个物理学家在演示了滑板的物理知识以后，收获了一群忠实粉丝——安格斯、卢卡斯、尼克和他的几个滑板伙伴。在她承诺冬天一定会再回来给他们讲解滑雪的知识之后，他们才没再缠着她。之后，这几个人大部分时间都泡在大型强子对撞机模型那儿。他们十分精通宏观世界的各种碰撞，当然也想在亚原子水平上搞点儿破坏。

另一个教授跟我们一起翻看了我们最爱的漫画书和科幻小说，指出作者哪里写对了，哪些物理常识搞错了。奥斯卡提了一些关于卡通的物理问题，例如为什么只有当角色意识到有重力的时候，重力才开始起作用。嗯……我只能说，那个会议超时了。如果这还是我了解的那个奥斯卡，那么会议结束以后，他一定会仔细看完艺术中心的卡通展，然后给参观的人讲一些跟物理有关系的笑话。

瓦莱丽·瑞安的报告，珍跟杰米迟到了，不过赶上了大部分内容。她给人们看了自己大脑的磁共振成像（MRI）——利用磁场和无线电波创建的图像，来展示当她即兴创作和演奏音阶的时候，大脑中最活跃的是哪些部分。当然，她最后以几首歌结束了报告。这让珍和杰米谈论起她们早上听到的一些科研报告。一些物理学家正在研究一种叫作粗硅纳米线的东西，能捕获身体、汽车或者普通发电站浪费掉的热能并转化成电能。想到有一天能用穿在身上的“发电衣”为蓝牙耳机充电来听瓦莱丽的歌，女孩子们已经迫不及待了。不管那时候人们是不是还在用蓝牙耳机了，想想这对世界的能量供应意味着什么吧！

差点儿忘了说，有一部叫作《物理为基础的模拟现实场景》的纪录片。这简直超乎我们的想象：一个小时内，我们在超大屏幕上见证了有史以来最大最壮观的爆炸。原来，很多物理学家都活跃在动画行业，创建基于物理的程序，为电影和游戏创造逼真的水、云、烟和爆炸场景。

时不时地，我跟奥黛丽会从儿童会场中晃出来，误入满是物理学家的房间。我们就坐下听听，沉浸在“玻色–爱因斯坦凝聚原子的超流体性质”“涨落耗散定理”“量子色动力学”“双光子量子位”这样的词汇中。虽然大部分时候我都云里雾里，但每次能听懂一点儿的时候，我都觉得酷极了。

这都不要紧，任务完成了，甚至超出了预期。

词汇表

A

暗能量：存在于真空中的一种神秘形式的能量，被认为是导致宇宙加速膨胀的原因。

暗物质：因既不发射光也不反射光而无法被看到的物质。

B

半导体：能很容易地控制其导电性能的材料。

边界层：当物体在空气或某种气体中运动时，离物体表面最接近的那一层空气或气体分子。

波长：一道波中，一个完整的波的形状（从波峰到波峰，或波谷到波谷）之间的距离。

玻色－爱因斯坦凝聚：在接近绝对零度的温度下形成的一种超高密度的物质状态（五种基本物质状态之一）。

C

掺杂：在纯半导体材料内加入少量其他材料的原子，来改变导电性能。

超流体：完全没有黏性的液体或气体。

超声波：比人类能听到的普通范围更高频率的振动，大于2万赫兹。

超弦理论：在这种理论中，宇宙还有六个隐藏的维度，每一个粒子的种类都是一个弦或环，被拨动时以自己特殊的方式振动。

超新星：恒星演化过程中的一个阶段。当一颗巨大的恒星耗尽核能之后，生命终结时产生的爆炸。

虫洞：一个像隧道一样的结构，连接着时空中不同的两个点。理论上，穿过虫洞到达另一个地方要比在普通空间中快得多。虫洞与广义相对论是相容的，不过是否真的存在，物理学家还没有找到确切证据。

磁共振成像（MRI）：用磁场和无线电波创建的图像。

磁性：由物质内部自旋电子产生的力，能对铁一类的材料产生吸引，或对水等物质产生排斥。

次声波：指人耳听不到的频率，低于大约20赫兹的正常听力范围。

D

大爆炸：约140亿年前的一场温度极高的大膨胀，被大部分天体物理学家认为是宇宙的起源。

大气热力学：地球大气中热量与能量运动的科学。研究云与降水的物理学。

导体：电子能很容易地携带能量从负极移动到正极的材料。

等离激元：由于成簇的电子有规律地重复流动而产生的电子波。

等离子体：一种物质形态，即被“电离”了的气体。物质的五种基本形态之一。

电磁波谱：按波长排列的整个可见和不可见光波的范围。

电磁辐射（EMR）：可见光与不可见光的任何波长；电场与磁场垂直成对出现。

电磁力：四种已知基本力之一，由光子传递，在电荷和磁场之间的相互作用中可见。

电磁铁：当电流通过缠绕在铁芯外的电线圈时，形成的非永久磁铁。

电流：在电场的作用下（相反的电荷相互吸引）而移动的电荷。电流的单位是安培，表示电荷在电路中流过一个特定点的速度。

电路：电子从能量源到耗能物体并返回所经过的路径。

电势能：当正负电荷分离时储存的能量，以伏特为单位来衡量的电位差。

电子：带一个负电荷的亚原子粒子。

动量：基于运动中的物体的质量与速度的一个运动度量。沿直线运动的物体具有线性动量，而转弯或旋转的物体具有角动量。

动量守恒定律：一条物理定律，指出在碰撞前后，物体的总能量保持不变。

动能：运动中物体所具的能量。

对流：热能在流体（液体或气体）中移动的过程。

多世界理论：这个理论说的是，每一个选择可能产生的每种结果都存在于一个独立的平行宇宙中。

F

反射：光遇到物体表面又返回的现象。

反物质：跟物质相等却相反，例如反电子是正电子，跟电子的特质完全一样，但带正电荷（而不是负电荷）。物质和反物质是由能量同时创造的。

放射性：指一些原子的原子核以一种被称为隧穿的缓慢且无规律的过程释放出粒子

与能量。

费曼图：描述碰撞粒子的散射的一种简单方法。

分子：原子以特定方式组合而成。

辐射：热能以电磁波的形式在空间中传播。

G

G：重力加速度的简写。一个g约等于9.8米每二次方秒。

干扰：几条波相遇并融合形成新的波形模式。

高度：任何物体相对于某一点的垂直距离，例如相对于海平面的垂直距离。

共振：当一个物体的振动频率与另一个物体的自然振动频率相等，使后者也开始振动的现象。

惯性：有质量的物体的特性，使静止的物体保持静止，使运动的物体保持匀速直线运动，直到受到的外力使之改变。

光谱学：测量一个样本如何吸收或反射不同种类的光的技术。

光速：光在真空中传播的速度，缩写为c，等于每秒299792458米（每小时超过10亿千米）。

光子：光的粒子，电磁力的载体粒子。

广义相对论：爱因斯坦的引力理论，认为引力是由宇宙中的物体弯曲时空引起的效应。

H

海森堡不确定性原理：量子物体，例如一个粒子的动量和位置无法同时被精确测量，因为对粒子的观测会使之改变。

核聚变：原子核结合形成新的、较重的核，并释放能量的过程。

赫兹（Hz）：测量频率的单位（每秒的周期变动的数量）。

黑洞：宇宙空间中由于超大型恒星的坍缩而形成的一种天体，其大量的质量被压缩成微小的体积，并且引力极大，任何进入黑洞的物质都无法逃逸。

横波：振动方向与波的传播方向垂直的波。

霍金辐射：物理学家史蒂芬·霍金预测的黑洞放射出的微量辐射。

J

集成电路：也被称为计算机芯片，蚀刻在硅片上的微型电路。

加速度：一个物体速度随时间变化（加速、减速或转弯）。

胶子：传递强相互作用力的粒子。

晶体管：一种电子器件，可用于开关以控制电流通过集成电路。

居里：放射水平的单位。

矩阵力学：沃纳·海森堡使用的一种叫作矩阵的数学工具，根据原子释放和吸收的光来计算粒子的运动的理论。

绝对零度：开尔文零度，等于零下273.15摄氏度，是温度的最低限度。

绝缘体：一种电子很难获得足够能量从负极移动到正极的材料。

K

科里奥利效应：地球的自转（赤道处最快，两极附近最慢）对物体或流体运动方向的影响，使之在北半球向右偏转，而在南半球向左偏转。常用于解释风的运动。

可见光：电磁波谱上可以看到的那一部分光辐射。

空气动力学：研究空气或其他气体的流动，以及如何影响与之做相对运动的固体物体的科学。

库仑定律：描述两个带电粒子之间的力的规律。力的大小取决于粒子带电量的大小，且随着两个粒子之间距离的增加而减弱。

夸克：构成质子和中子的基本粒子。夸克一共有六个种类（上夸克、下夸克、粲夸克、奇异夸克、顶夸克及底夸克）和三种“颜色”（红、绿、蓝），由强力的胶子保持在一起。

L

力：导致物体加速度的推力或者拉力。已知有四种基本力：引力、电磁力、弱力和强力。

粒子：能够以自由状态存在的最小物质组成部分。

量子纠缠：粒子之间互相作用后，彼此会维护关联，改变其中一个粒子，另一个粒子也会即刻随之改变。

量子力学：描述原子及更小粒子的行为规律。

量子色动力学：解释夸克与胶子之间相互作用的理论。

量子位：在量子运算中，信息储存于光子或其他遵循量子特性的粒子中，能实现比普通计算机快得多的数据处理。

M

μ子：一种与电子带相同电荷的轻子，比电子质量更大。

M理论：这个理论认为，我们的宇宙是一个独立的十一维膜，与承载着其他宇宙的其他膜共享引力。

脉冲星：在旋转时有规律地释放出信号的坍缩恒星。

密度：物理的质量与体积的比率。

膜：弦论和M理论中的一个对象，例如，一维膜是弦，二维膜是膜。

摩擦力：阻止两个接触表面相对运动的力。

N

纳米技术：对纳米级别（一纳米等于一百万分之一毫米）的物质的研究，应用于技术制造。

能量：做功或引起事物质量发生时空分布变化的能力。

能量守恒定律：一条普遍基本定律，表述为：宇宙中的总能量保持不变，但能从一种形式转换成其他不同形式。

黏度：流体各层之间的摩擦力，或流体分子之间的黏性。

凝结：从气体状态到液体状态的变化过程。

牛顿第二运动定律：力=质量×加速度。这个公式表明，一个物体受到的力越大，或自身的质量越小，它的加速度就越大。

牛顿第三运动定律：如果一个物体对另一个物体施加压力，那后一个物体也会以相同大小的力反弹回去。

牛顿第一运动定律：静止的物体保持静止，运动中的物体则以相同的速度和方向持续前进，直到受到另一个力改变它的运动状态。

牛顿万有引力定律：宇宙中的任何物体都互有引力。物体之间距离越近，物体的质量越大，这种引力就越大。

牛顿运动定律：艾萨克·牛顿爵士对普通世界中一切运动行为的解释。

诺贝尔奖：一个全球性的著名奖项，最初设立五个奖项，授予在物理、化学、医学、文学与和平领域有贡献的人。1968年后增设诺贝尔经济学奖。

P

拍子：由于两个几乎相同的波在同一空间中传播时互相干涉而产生的，声音强度有规律的重复变化。

频率：每秒通过一个点的波的数量，测量单位是赫兹（每秒循环的次数）。

Q

气流：气体（例如空气）在流动时的颠簸。

气体：物质存在的一种形态，分子分散，引力较弱，没有固定的形状或体积。物质的五种基本形态之一。

强力：将一个原子中的夸克、质子和中子聚集在一起的核力，由胶子传递。四种基本力之一。

轻子：一种基本粒子。电子、μ 子、τ 子及三种中微子，都是轻子。

R

热传导：热能通过直接接触从分子传递到分子的过程。

热力学：研究能量在功与热量之间如何转换的科学。

热力学第二定律：只有在使整体能量状态降低时才会发生。

热力学第零定律：要是两个物体分别都与第三个物体温度相同，那么这两个物体的温度也一定相同。

热力学第三定律：在绝对零度（零下273.15摄氏度）的理想状态下，分子完全停止运动。

热力学第一定律：宇宙中的总能量是守恒的，宇宙中任何静止物体改变自身能量的唯一途径是通过做功或传递热量。

热量：由温度差驱动的能量转移过程。

热声效应：用声音来制冷的方式。

弱力：已知的四种基本力之一。放射性衰变就是由它引起的，弱力由W及Z玻色子传递。

S

SETI计划（搜寻地外文明计划）：寻找与地球科技发展水平相等同或更先进的外星文明。SETI协会是一个非营利性质的组织，致力于宇宙生命研究项目。

神经元：神经细胞。

升力：物体穿过流体时产生的力，升力能将飞机保持在空中飞行，但也能将球向侧面或向下推。

声学：研究声音的科学。

声音强度：声音撞击耳膜的强弱，以分贝为单位。

湿度：空气中水分的比例。

势能：储存于一个系统内的能量。又称作位能，是物体由于位置或位形而具有的能量。

双光子量子位：量子计算中被储存于遵循量子规则的两个光子中的信息，能实现比普通计算机更快速的数据处理。

瞬间移动：让一个物体从一个地方消失然后即刻在另一个地方出现的传送方式。

速度：度量物体在一段时间内位置移动快慢的物理量。

T

天文物理学：描述与测量恒星及其他天外物体的组成与特征的科学。

天文学：研究空间、星系、恒星和行星的科学。天文学包括天体物理学与宇宙学。

W

W及Z玻色子：传递弱力的粒子。

微积分：两种数学方法的名称。微分计算的是在不断变化的数值，例如当你的车速在不断变化时，车行驶的速度。积分是计算复杂形状的面积与体积的方法。

微重力：在重力加速度为零的条件下，表观重量为零。

尾流：移动的物体后方压力较低的区域。

物理学：研究物质、能量、空间、时间及其相互关系的科学。

物质：你在宇宙中所见到的一切。物质共有五种基本形态：固体、液体、气体、等离子体和玻色－爱因斯坦凝聚。参见“暗物质”“状态（物质）”。

稀疏：在声波中，空气分子间隔较大的区域。

向心加速度：圆周运动的物体向内的加速度。

谐波：一组频率为最低频率的整数倍的驻波。

星系：由引力束缚在一起的恒星、气体和尘埃的结合体。

薛定谔的猫悖论：一个思想实验，包括放射性原子与一只同时处于生存与死亡两种状态的猫。

压缩：在声波中，空气分子被挤压在一起的区域。

液体：一种物质形态，分子之间的空隙较小，可以改变形状，但体积不变。物质的五种基本形态之一。

引力：已知的四种基本力中最弱的一种。

宇宙：一切存在的事物，包括暗物质和暗能量。

宇宙学：研究宇宙起源和演化的科学。

元素：最简单的物质类型，仅由一种类型的原子组成，例如氢、金。

原子：一个极小的粒子，由核及围绕着核的一个或多个电子组成，是任何元素最小可识别的部分。

原子标准模型：目前被接受的理论，将所有物质描述为基于夸克、轻子和通过载体粒子发挥作用的力。强力的胶子将夸克黏合成质子和中子，并将质子和中子结合成原子核。电磁力的光子将电子与原子核结合在一起。通过W和Z玻色子，弱力使重粒子衰变成较小的粒子。标准模型被认为是不完整的，直到可以在原子层面解释引力，并找到赋予其他粒子质量的希格斯玻色子。

原子核：见“原子”。

Z

涨落耗散定理：统计物理学中的一个定理，用来预测一个温度平衡不再变化的系统中会发生什么。

折射：光从一种介质传播到另一种介质时改变方向的现象。

折射率：光在真空中的传播速度与在某种特定介质中传播速度的比。

振幅：波的特性，测量波通过介质时的变化或对介质的扰动程度，来描述波的强度。

蒸发：由液态到气态的变化过程。

蒸腾：植物中的水分蒸发。

质量：构成某物的物质总量。

钟摆：以规律的模式来回摆动的悬挂装置。

重量：一种力，即地心对物体的引力。

驻波图案：当一个波反射回来与自身相交时的图案。

状态（物质）：物质有五种基本状态，即固体、液体、气体、等离子体及玻色－爱因斯坦凝聚。

自由落体：物体仅在重力作用下向下落。

纵波：振动方向与传播方向相同的波。

阻力：当运动物体前方受到的压力大于后方的压力时，受到的力的总和就会使物体慢下来。

做功：传递能量的过程。只有将物体移动一段距离才算做功。